BEI GRIN MACHT SICH IHR WISSEN BEZAHLT

AF155490

- Wir veröffentlichen Ihre Hausarbeit,
  Bachelor- und Masterarbeit

- Ihr eigenes eBook und Buch -
  weltweit in allen wichtigen Shops

- Verdienen Sie an jedem Verkauf

Jetzt bei www.GRIN.com hochladen und kostenlos publizieren

Matthias Dietz

Stochastische Paradoxien und ihre Bedeutung für das Unterrichten von Mathematik

GRIN Verlag

Bibliografische Information der Deutschen Nationalbibliothek:

Die Deutsche Bibliothek verzeichnet diese Publikation in der Deutschen National-
bibliografie; detaillierte bibliografische Daten sind im Internet über http://dnb.d-
nb.de/ abrufbar.

Dieses Werk sowie alle darin enthaltenen einzelnen Beiträge und Abbildungen
sind urheberrechtlich geschützt. Jede Verwertung, die nicht ausdrücklich vom
Urheberrechtsschutz zugelassen ist, bedarf der vorherigen Zustimmung des Verlages. Das gilt insbesondere für Vervielfältigungen, Bearbeitungen, Übersetzungen,
Mikroverfilmungen, Auswertungen durch Datenbanken und für die Einspeicherung
und Verarbeitung in elektronische Systeme. Alle Rechte, auch die des auszugsweisen
Nachdrucks, der fotomechanischen Wiedergabe (einschließlich Mikrokopie) sowie
der Auswertung durch Datenbanken oder ähnliche Einrichtungen, vorbehalten.

Impressum:

Copyright © 2005 GRIN Verlag GmbH
Druck und Bindung: Books on Demand GmbH, Norderstedt Germany
ISBN: 978-3-638-94386-4

Dieses Buch bei GRIN:

http://www.grin.com/de/e-book/42433/stochastische-paradoxien-und-ihre-bedeu-
tung-fuer-das-unterrichten-von-mathematik

GRIN - Your knowledge has value

Der GRIN Verlag publiziert seit 1998 wissenschaftliche Arbeiten von Studenten, Hochschullehrern und anderen Akademikern als eBook und gedrucktes Buch. Die Verlagswebsite www.grin.com ist die ideale Plattform zur Veröffentlichung von Hausarbeiten, Abschlussarbeiten, wissenschaftlichen Aufsätzen, Dissertationen und Fachbüchern.

Besuchen Sie uns im Internet:

http://www.grin.com/

http://www.facebook.com/grincom

http://www.twitter.com/grin_com

EIN SPIEL MIT DATEN
Bei den 30 Fußballzuschauern innerhalb des wei-
ßen Rahmens sind die Aussichten besser als 2:1,
daß wenigstens zwei von ihnen einen gemeinsamen Geburtstag haben. In einer großen Gruppe
sind die Aussichten eines solchen Zusammentreffens noch größer. In welcher Weise genau sich
die Aussichten ändern, zeigt die Bildkurve rechts

Stochastische Paradoxien

und Ihre Bedeutung für das Unterrichten von Mathematik

Technische Universität Dresden

Mathematisch-Naturwissenschaftliche Fakultät - Fachbereich Didaktik der Mathematik

Autor: Matthias Dietz

Studiengang: Lehramt Gymnasium Mathematik/Chemie/Gemeinschaftskunde
Zahl der Semester: 10 / 10 / 5

Aufgabenstellung:	Anfertigen einer wissenschaftlichen Arbeit im Rahmen der 1. Staatsprüfung des Fachs Lehramt Mathematik an Gymnasien
Thema:	Stochastische Paradoxien und Ihre Bedeutung für das Unterrichten von Mathematik

Abgabetermin: 25. Mai 2005

Vorwort

Wenn ich auf meine Schulzeit zurückblicke, die mittlerweile auch schon ganze sechs Jahre zurückliegt, so kann ich mich entsinnen, im Deutschunterricht ein zentrales Stilmittel „Paradoxon" kennen gelernt zu haben. Wir definierten es damals folgendermaßen: „Scheinbar widersprüchliche Behauptung, die bei näherer Betrachtung eine höhere Wahrheit aufweist." An den genauen Wortlauf kann ich mich deswegen so genau erinnern, weil ich just diese Definition wohl hunderte Male im Rahmen meiner Schullaufbahn im Fach Deutsch benötigt und mir deswegen stur eingebläut hatte, ohne zu ahnen, welch große Bedeutung es nunmehr jetzt in meinen wissenschaftlichen Studien meiner ersten Staatsprüfung spielen sollte.

Denn an Paradoxien im Zusammenhang mit dem Fach Mathematik kann ich mich während meiner gesamten gymnasialen Ausbildung nicht erinnern. Das mag zum einen darin begründet sein, dass ich statt des Leistungskurses Mathematik lediglich einen Grundkurs absolvierte, zum anderen daran liegen, dass unsere damalige Mathematiklehrerin arg mit leistungsschwächeren Schülern und `Wiederholern´ zu kämpfen hatte, und es deswegen vorzog, den Erfolg des Kurses nicht noch zusätzlich durch vermeintliche paradoxe Stolpersteine zu gefährden.

So sollte ich zum ersten Mal mit mathematischen Paradoxien und dem Wissen darum im Rahmen der Lehrveranstaltung „Paradoxien im Mathematikunterricht" des Herrn Dr. Schwier an der TU Dresden im Sommersemester 2004 konfrontiert werden. Wenn ich allerdings ganz exakt bin, so glaube ich, bereits durch meinen naturwissenschaftlich interessierten Opa zu früheren Zeiten, vor das ein oder andere knifflige mathematische Problem gestellt worden zu sein, bei dem sicher auch einmal ein Paradoxon eine Rolle gespielt haben kann.

Bei solchen allseits bekannten unsäglichen Befragungen im Rahmen einer Familienfeier werde ich dann wohl allerdings – wie es häufig passiert ist - alt ausgesehen haben, denn ein talentierter und ausdauernder Tüftler war ich selbst noch nie, auch wenn ein unheimlicher Reiz im Entdecken der Lösung eines mathematischen Problems liegt.

Ähnlich wie mir geht es vielen Menschen auf dieser Welt. Die wenigsten zählen sich zu den Hochbegabten, die mathematische Phänomene und Aufgaben ohne Mühe lösen, die wenigsten lieben die Mathematik, den meisten sind Bruchrechnung und Kurvendiskussion ein Gräuel, stochastische Berechnungen ein undurchdringlicher Urwald, kurzum sie meinen mit der Mathematik auf Kriegsfuß zu stehen und nichts damit zu tun haben zu wollen.

Walter Kranzer bringt dieses Phänomen im Vorwort zu seinem Buch „So interessant ist Mathematik" auf den Punkt:

„Zahlreiche Menschen halten die Mathematik nach der Logik für die trockenste Wissenschaft. Als Ursache einer solchen Einstellung ist wohl in erster Linie die Art des Vermittelns mathematischer Kenntnisse im Schulunterricht anzusehen, der vorwiegend operative Perfektion anstrebt, ohne sich nennenswert um Informationen über interessante Sachverhalte zu kümmern. Im Laufe seiner Unterrichtstätigkeit kann der Lehrer in zunehmenden Maße erfahren, welch reichhaltiges Angebot an für Schüler verständlichen mathematischen Kostbarkeiten existiert, das nur darauf wartet, gehoben und von der Jugend ausgebreitet zu werden. Geschieht dies, so zeigt die Erfahrung, dass die Reaktion stets positiv ist, mitunter verdichtet sich das erwachende Interesse sogar zu spontan begonnener selbständiger Beschäftigung mit mathematischen Fragen. Gelegentlich werden so dank wiederholtem Einstreuen mathematischer Rosinen schlummernde mathematische Begabungen geweckt und deren Träger später zu einer begabungsgemäßen Berufswahl veranlasst. Aber auch bei Gesprächen mit Einzelnen oder größeren Personengruppen, die der Schule bereits entwachsen sind, zeigt sich bei den Angesprochenen eine überraschende Empfänglichkeit für Interessantes aus der Mathematik." (Walter Kranzer, 1989, Seite 7: 1)

Mit eben jenen „zu hebenden mathematischen Kostbarkeiten" und „mathematischen Rosinen" spielt er auf das eigenartige Phänomen an, dass für Millionen angeblich mit der Mathematik verfeindeter Menschen die täglichen Kreuzworträtsel oder die aktuellen Skat- bzw. Schachprobleme als unverzichtbar gelten, obwohl der Lösungsschlüssel dieser Knobeleien oftmals eine große Portion unbewusster Mathematik ist. Auch ich habe diese Erfahrung in ähnlichem Kontext gemacht.

Beim weihnachtlichen Verdauungsspaziergang nach dem Verzehr einer köstlichen Gans stellte ich meinem Vater und meinem Bruder das Ziegenproblem vor und hatte im Anschluss jede Menge Mühe, ihnen die richtige Lösung glaubhaft zu erläutern. Das Ende vom Lied ist nun, dass ich jedes Mal auf Geheiß meines Vaters einem neuen Besucher unserer Wohnung genau dieses Problem vorstellen darf und er sich dann köstlich über die erregten und zweifelnden Gemüter amüsieren kann.

Auch ich bin von der Fülle und der Lösung paradoxer Phänomene in der mathematischen Welt so begeistert, dass ich gern und voller Enthusiasmus diese Arbeit hier verfasst habe und mir sicher bin, wesentliche Elemente in meiner späteren Unterrichtspraxis gewinnbringend anwenden zu können.

An dieser Stelle möchte ich daher die Gelegenheit nutzen, allen Menschen Danke zu sagen, die entsprechend ihren Möglichkeiten zum Gelingen dieser Arbeit beigetragen haben. Ein herzliches Dankeschön gilt daher denjenigen, die dieses schöne Thema „Paradoxien im Mathematikunterricht" in der mathematischen Didaktik der TU Dresden lehren und mich damit erst auf die Idee der Thematik für meine wissenschaftliche Arbeit gebracht haben. Auch denen, die mir Literatur zur Verfügung gestellt haben und all jenen, die mich mit zahlreichen Hinweisen gewinnbringend unterstützt haben, sei an dieser Stelle herzlich gedankt. Zusätzlich gilt allen Studenten und Lehrern, die sich für die empirische Untersuchung zur Stellung von Paradoxien im heutigen Unterrichtsgeschehen zur Verfügung gestellt haben, mein Dank.

Inhaltsverzeichnis

1. Einleitung

„Ein Mathematiker sagte", so schrieb L.N. Tolstoi, „dass der Genuss nicht in der Entdeckung der Wahrheit, sondern in der Suche nach ihr besteht." (A.G. Konforowitsch, 1996, Seite 3: 2) Das trifft wohl auf nichts mehr zu als auf das die letzten Jahre dominierende und zu weit reichender Bekanntheit gelangte Ziegenproblem. Die Kontroversen über Sinn oder Unsinn der von der klügsten Frau der Welt vorgestellten Lösung dieses Problems ebben bis heute nicht ab. Frau Marylin vos Savant musste sich von vielen Wissenschaftlern und sogar betagten Mathematikern höchsten Rufes mit „Dummerchen" oder „Spinnerin" beschimpfen lassen. Dabei hatte die Frau mit dem höchsten jemals gemessenen IQ doch Recht.

Es ging um folgendes - hier sinngemäß von Gero von Randow wieder gegebenes - pikantes Problem: Man nimmt an einer Spielshow im Fernsehen teil, bei der man eine von drei verschlossenen Türen auswählen soll. Hinter einer Tür wartet ein großer Preis, ein Auto, hinter den anderen beiden stehen Ziegen. Man entscheidet sich für eine Tür, sagen wir Nummer eins. Diese bleibt allerdings vorerst geschlossen. Der Moderator weiß, hinter welcher Tür sich das Auto befindet, er öffnet daher zuerst eine andere Tür, zum Beispiel Nummer drei, und eine meckernde Ziege schaut ins Publikum. Nun fragt er, ob man bei Nummer eins bleiben oder lieber zu Nummer zwei wechseln möchte. (Gero von Randow, 1999, siehe Seite 6 ff.: 3)

Wie anfangs für die meisten schwer einsehbar, bleiben sich die Chancen für beide Türen nicht gleich, man sollte besser zu Tür zwei wechseln. Auf den mathematischen Hintergrund dieses „ersten Appetithäppchens" wird in einem späteren Teil dieser wissenschaftlichen Arbeit ausführlich eingegangen.

Mit dem hier skizzierten Ziegenproblem befinden wir uns nunmehr bereits mitten im breiten Feld der stochastischen Paradoxien, das zum Schwerpunkt dieser Arbeit auserkoren wurde. Warum gerade dieses Gebiet? – Nun, in wohl keinem anderen Bereich der Mathematik gibt es so viele Fußangeln und Fallgruben wie in der Wahrscheinlichkeitsrechnung. Es sind ohne Zweifel mehr falsche Antworten auf Fragen der Wahrscheinlichkeitstheorie gedruckt worden als in jedem anderen Zweig der Mathematik. Selbst Fachleute haben sich gelegentlich in die Irre führen lassen. So argumentierte bereits der berühmte französische Mathematiker D`Alembert falsch, als er die Frage nach der Wahrscheinlichkeit dafür, mit einer idealen Münze bei insgesamt 2 Würfen mindestens einmal Kopf zu werfen, mit 2/3 beantwortete (Gábor J. Székely, 1990, siehe Seite 13: 4). Die Stochastik ist damit der vermeintlich trügerischste Bereich der Mathematik überhaupt, sie ist gespickt mit paradoxen Phänomenen, die im Rahmen dieser wissenschaftlichen Arbeit zu Tage befördert, beackert und damit für das Unterrichten von Mathematik in sinnvoll anwendbare und gewinnbringende Form gebracht werden sollen.

Allerdings soll zuerst mit einigen Vorbetrachtungen begonnen werden, in denen wesentliche, benötigte Begriffe geklärt werden und eine Einordnung des Stellenwertes von Paradoxien im heutigen Mathematikunterricht versucht werden soll. Unterstützt wird dieser Versuch durch die Ergebnisse einer eigens entworfenen und durchgeführten empirischen Untersuchung, die den Gründen für die offensichtliche Diskrepanz zwischen Kosten und Nutzen des Einbringens von Paradoxien in den Mathematikunterricht auf den Grund gehen soll. Genau so viel Aufmerksamkeit richtet diese Arbeit im Anschluss auf die Vorstellung einiger zentraler stochastischer Paradoxien, deren mathematischer Hintergrund intensiv beleuchtet werden soll. Im Mittelpunkt steht bei diesen Betrachtungen die Frage, worin die Ursache für das eigentlich paradoxe zu sehen ist, warum es den meisten Menschen so leicht fällt, Trugschlüssen zu erliegen.

Das Hauptaugenmerk dieser wissenschaftlichen Arbeit liegt dann auf den eigen kreierten Vorschlägen zum Anwendbarmachen von paradoxen Phänomenen im Unterricht, im Entwurf einer Projektwoche zum Thema Paradoxien, bei der dann auch eine längere vertiefte Beschäftigung mit Paradoxien möglich ist. Diese Arbeit hat daher den Anspruch, sich daran messen zu lassen, ob sie für Gymnasiallehrer und zukünftige Lehramtsanwärter gleichermaßen einen hilfreichen Anstoß bietet, Paradoxien in ihrem eigenen Mathematikunterricht zur Anwendung zu bringen und was als noch viel wichtiger erachtet werden soll, ein Konzept zu bieten, wie eine lohnende Anwendung erfolgen kann. Auf dieser Grundlage soll es dann dem Lehrer leichter fallen, alle Schüler gleichermaßen für mathematische Probleme zu interessieren und diese Probleme auch gemäß der mathematischen Kompetenz der Lernenden zu lösen.

Zum Abschluss soll noch darauf hingewiesen werden, dass im Anhang ein sehr umfangreiches Literaturverzeichnis vorliegt. Viele der Bücher weisen das Thema Paradoxien leider nur bruchstückhaft auf, einige wenige sind dagegen viel detaillierter mit dem Thema umgegangen. Es steht jedem interessierten Leser deswegen offen, sich auf Grundlage des großen Literaturverzeichnisses ausführlicher mit der Thematik auseinander setzen zu können.

2. Vorbetrachtungen

2.1 Begriffsklärungen

Im jetzigen Gliederungspunkt sollen all jene zentralen Begriffe der Arbeit aufgegriffen und grundlegend erläutert werden, um im folgenden Hauptteil begrifflichen Missverständnissen vorzubeugen. Der zentrale Begriff dieser Arbeit ist zweifelsohne das *Paradoxon*. Darunter wird im Folgenden „ein Sachverhalt" verstanden, „der der Erwartung zuwiderläuft" (G. Vollmer, 1990, siehe Seite 49: 5).

Dieser aus der Etymologie abgeleitete Begriff besteht im Griechischen aus dem Wort παρά (pará, mit Akkusativ), was etwa dem deutschen Wort „entgegen" gleichkommt und dem Wort δόξα (dóxa), was man mit „Meinung" oder „Erwartung" übersetzen kann. Damit heißt ab jetzt eine Aussage, die einen paradoxen Sachverhalt problematisiert, eine *Paradoxie*. Dass der menschliche Verstand eine besondere Tendenz aufweist, solche Probleme auflösen zu wollen, macht insbesondere den Reiz dieser Arbeit aus. An dieser Stelle ist es wichtig, anzumerken, dass die Auffassung des Begriffes Paradoxon dem Betrachter obliegt. Kann auf den Sechstklässler schon paradox wirken, dass die Multiplikation echter Brüche tatsächlich Produkte erzeugen kann, die kleiner als die beiden einzelnen Faktoren sind, was vorher nie auftrat, so stellt sich für begabte und mathematisch versierte Schüler, Lehrer oder Mathematikprofessoren die Welt der mathematischen Paradoxien als ganz klein dar, da sie mit ihrem reichen mathematischen Kenntnisfundus schnell den vermeintlichen Problemgehalt eines Paradoxons zu durchschauen und lösen imstande sind. Für den einen kann also ein Paradoxon eine richtige Kopfnuss darstellen, dem anderen ringt das Problem möglicherweise nur ein müdes Lächeln ab. Auch auf diese Schwierigkeit, den Unterricht so zu gestalten, dass man in einer leistungsheterogenen Klasse nicht wenige überrascht und viele langweilt, sondern alle Schüler versucht, individuell durch Fragestellungen variierenden Schwierigkeitsgrades und durch weiterführende Betrachtungen zu fördern, soll diese Arbeit in späteren Kapiteln Bezug nehmen.

Eng verwandt mit dem Begriff der Paradoxie ist eine *Antinomie*. Aus mathematischer Sicht versteht man darunter „eine bestimmte Klasse von Widersprüchen, bei denen sich sowohl These als auch Antithese gleich gut begründen lassen" (G. Vollmer, 1990, siehe Seite 49: 5). Trifft man beim Lesen mathematischer Texte auf eine Antinomie, so kann man sich sicher sein, den vermeintlichen Denkfehler in den Voraussetzungen jener Aussage suchen zu müssen, da genau dort der Widerspruch begründet ist. Überraschend mag sein, dass Antinomien überall anzutreffen sind, bereits bei Wertungsversuchen oder Konventionen, und auch bei beschreibenden Sätzen trifft man auf sie. Ihren höchsten Stellenwert erlangen sie freilich dort, wo sie am wenigsten erwartet und daher auch am wenigsten erwünscht sind, in den Grundlagen einer Disziplin.

Festzuhalten bleibt für diese Arbeit, dass die oft im selben Kontext verwendeten beiden Begriffe Paradoxie und Antinomie einer strengen Trennung bedürfen. Paradox sollen also sich unerwartet als wahr herausstellende Sachverhalte heißen, als Antinomien Widersprüche gelten, deren beide Seiten gleich gute Begründungen zu haben scheinen. Historisch haben Paradoxa und Antinomien immer wieder die positive Rolle gespielt, auf verborgene logische Probleme hinzuweisen. Sie haben daher Mathematiker und Logiker dazu gezwungen, Fragestellungen zu überdenken und Theorien neu zu begründen.

Der besseren Unterscheidung und Vorstellung wegen, werden an dieser Stelle noch zwei Beispiele für Antinomien angeführt: So gelten die „Lügner - Antinomie" („Dieser Satz ist falsch" – aus: G. Vollmer, 1990: 5) oder auch das in zahlreicher Literatur aufgegriffene Barbierproblem, bei dem die Frage aufgeworfen wird, ob ein Barbier eines Dorfes, der alle rasiert, die sich nicht selbst rasieren, sich nun selbst rasiert oder nicht (u. a. in Franco Agostini, 2001, siehe Seite103f.: 6) als zwei der berühmtesten Antinomien. Beispiele für paradoxe Phänomene, insbesondere die stochastischen Vertreter, werden im nächsten Abschnitt ausreichend aufgegriffen, so dass daher zu diesem Zeitpunkt darauf verzichtet werden soll.

An dieser Stelle ist es aber notwendig, darauf hinzuweisen, dass im Allgemeinen Paradoxa ganz klar von anderen ähnlich lautenden Begriffen abzugrenzen sind: So ist unbedingt darauf zu achten, zwischen einem *Trugschluss* und einem *Paradoxon* klar zu unterscheiden. „Denn das letztere ist eine richtige – wenn auch überraschende – mathematische Aussage. Das erstere aber ist ein falsches Ergebnis, das man auf Grund scheinbar korrekter Überlegungen gewonnen hat", beschreibt Székely in seinem Werk „Paradoxa" (Gábor J. Székely, 1990, siehe Seite 9f.: 4) treffend.

2.2 Paradoxien im gymnasialen Lehrplan Mathematik

Im folgenden Abschnitt soll aufgezeigt werden, welche Rolle Paradoxien im gymnasialen Lehrplan des Landes Sachsen spielen. Als problematisch und spannend zugleich ist dabei die gegenwärtig stattfindende Umstrukturierung der Lehrpläne anzusehen. Von den alten gymnasialen Lehrplänen im Fach Mathematik in der Fassung vom 1.August 1992 (Sächsisches Staatsministerium für Kultus, 1992: 7) besitzen nur noch die Klassenstufen 8-12 ihre Gültigkeit und werden schrittweise von den neuen Lehrplänen in der Fassung von 2004 (Sächsisches Staatsministerium für Kultus, 2004: 8) bis zum Jahr 2009 verdrängt.

Die neuen überarbeiteten Lehrpläne unterscheiden sich von den alten in wesentlichen Grundzügen. Auch wenn sich das Grundgerüst des zu lehrenden Stoffes kaum verändert hat, so hat es doch erhebliche Verschiebungen in Behandlungsdauer, der Jahrgangsstufe der Behandlung und in diversen gestrichenen und neu hinzugefügten Themenbereichen gegeben, um dem Anspruch eines modernen, zeitgemäßen und praxis- sowie techniknahen Unterrichts Rechnung zu tragen. Der Lehrer bekommt nun deutlich mehr und vor allem präzisere Anreize, was er wie behandeln kann, auch wenn es in seiner Eigenverantwortlichkeit liegt, sich selbst neue Themenaspekte erst erarbeiten zu müssen. Problematisch sind beim Übergang vom alten zum neuen Lehrplan vor allem die Klassenstufen 6 und 7 zu sehen, da hier teilweise gemäß dem alten Lehrplan nicht behandelter Stoff der Klassenstufe 5 bzw. 6 als Grundlage für den Unterricht nach dem neuen Lehrplan vorausgesetzt wird.

Paradoxien haben im alten Lehrplan überhaupt keine Rolle gespielt, es findet keine namentliche Erwähnung des Begriffs Paradoxie oder eines ausgewählten Beispiels statt. Ganz im Gegenteil dazu der neue Lehrplan: Hier taucht zwar der Begriff „Paradoxie" auch nicht auf, ist aber trotzdem an mehreren Stellen durch praktische Beispiele oder in den Zielstellungen für die einzelnen Klassenstufen präsent. Schon in den Zielen und Aufgaben des Faches Mathematik heißt es nämlich: „Insbesondere bei der Beurteilung von Lösungen, der kritischen Wertung von Modellen und Verfahren, der Begegnung von Mathematik im Alltag und dem Umgang mit zufälligen Ereignissen entwickeln Schüler ihr Weltbild weiter. Sie verstehen es, Lösungen und Lösungswege sowie Aussagen und Argumentationsketten kritisch zu hinterfragen". (Sächsisches Staatsministerium für Kultus: Lehrplan Mathematik, Fassung von 2004, im Abschnitt „Ziele und Aufgaben des Faches Mathematik": 8)

Damit wird ein erster Verweis auf das Reizvolle an Paradoxien deutlich: Man erwartet nicht, dass genau die Lösung eintrifft, sie sich mathematisch begründen lässt. Weiter heißt es in diesem Abschnitt auch: „Der Mathematikunterricht benötigt eine Aufgabenkultur, die sich neben den in angemessenem Umfang eingesetzten formalen Aufgaben insbesondere durch die Verwendung folgender Aufgaben auszeichnet: Sach- und anwendungsbezogene Aufgaben, problemorientierte Aufgaben und offene Aufgaben...". Offene, nicht eindeutig lösbare Aufgaben, könnten z.B. Antinomien wie „Lügner – Antinomie" oder „Barbier" sein.

Noch deutlicher wird es z.b. in den Zielen des Lehrplans für die Klassenstufe 7: „Die Schüler gehen kritisch mit Prozentangaben in Veröffentlichungen um". Fortsetzung findet dieses Ziel in den Zielen der Klassenstufe 9: „Die Schüler sind für die Wahrnehmung von Manipulationen in statistischen Veröffentlichungen sensibilisiert und prüfen Wahrheitswerte von Aussagen". An diesen Stellen sind schöne Bezüge zu paradoxen Phänomenen sichtbar, vielleicht gerade im Bezug auf das Simpson-Paradoxon, falscher Schlüsse, die man aus Statistiken ziehen kann. Direkter Bezug zu Paradoxien wird im Wahlpflichtbereich 2 „Unterhaltsame Geometrie" der Klassenstufe 6 genommen, wo das Zeichnen optischer Täuschungen eine Rolle spielt. Auch in Klassenstufe 9 wird im Lernbereich 4 „Auswerten von Daten" direkt von einem Projekt zu statistischen Manipulationen gesprochen. Mit faszinierenden Paradoxien lässt sich freilich auch in Klasse 5 im Lernbereich 4 „Mathematik im Alltag" beim Lesen von Statistiken oder beim „vernünftigen Umgang mit Näherungswerten und Größen" im Teilbereich „Fahrpläne" arbeiten. In diesem Teilbereich ist es sehr wohl möglich, zu klären, warum eine Versuchsperson von zwei Bussen deutlich öfter den einen benutzt, obwohl beide in dieselbe Richtung fahren und die Person zu immer wieder unterschiedlichen, vom Zufall bestimmten, beliebigen Zeitpunkten an der Haltestelle eintrifft. (Vorlesungsaufzeichnungen „Paradoxien im Mathematikunterricht" im Sommersemester 2004: aufgeführt unter dem Namen „Ankunftsproblem": 9) In Klasse 8 könnten im Lernbereich 2 „Zufallsversuche" in den Bereichen „Stabilisierung der relativen Häufigkeit" und „Durchführung von Realexperimenten" paradoxe Zufallswege und eine erste einfache Betrachtung des „Ziegenproblems" (nach Gero von Randow, 1999, Seite 6 ff.: 3) mathematische Überlegungen sinn- und reizvoll untermauern. Als schönes passendes Realexperiment kann an dieser Stelle auch die Paradoxie „Sternendeuteranekdote" (Vorlesungsaufzeichnungen „Paradoxien im Mathematikunterricht" im Sommersemester 2004: aufgeführt unter dem Namen „Sternendeuteranekdote": 9) dienen, mit der die Schüler sich, selbständig probierend, dessen richtige Lösung erarbeiten könnten. In Klasse 10 kann im Lernbereich 2 „Diskrete Zufallsgrößen" das Ziegenproblem wieder aufgegriffen werden, diesmal unter noch besserer Heranziehung neu erlangter mathematischer Fähigkeiten und damit besserer Veranschaulichung. Vielleicht kann so einem Schüler, der die richtige Lösung in Klasse 8 trotz aller Bemühungen nicht nachvollziehen konnte, jetzt geholfen werden. In der

Sekundarstufe II ist der Lernbereich 1 „Differentialrechnung" prädestiniert dafür, Grenzwerte und Untersuchungen des Verhaltens im Unendlichen durch das Paradoxon von Achilles und der Schildkröte zu illustrieren. Und in Klasse 12 kann durch eine abermalige Behandlung des Ziegenproblems und eine Erklärung mit Hilfe des Satzes von Bayes auch der letzte Uneinsichtige von der richtigen Lösung überzeugt werden.

Besondere Hervorhebung verdient auch die Abschaffung des Verweises Z auf Zusatzstoff im alten Lehrplan, der durch die neu konzipierten Wahlpflichtbereiche abgelöst wird. Grundanliegen dieser Stoffgebiete ist es, dem Lehrer in von ihm selbst gewählten zum Lehrplanthema passenden Bereichen, die Möglichkeit zu geben, vertiefende Betrachtungen zu einem besonderen Aspekt der Mathematik anzustellen. Dabei sind von Seiten des Kultusministeriums Vorschläge entworfen worden, und trotzdem steht es jedem Lehrer frei, so das Grundanliegen des Konzeptes, eigene Themenvorschläge für die acht Unterrichtsstunden Wahlpflicht jeden Schuljahres zu unterbreiten. Begründet ein Lehrer z.B. in einem Antrag an den Schulleiter, dass er das Thema „Stochastische Paradoxien" in einer 9. oder 10. Klasse im Wahlpflichtbereich behandeln möchte, weil er einen großen didaktischen Reiz darin sieht und jede Menge Material auf Grund eines eigenen großen Expertenwissens zu diesem Thema besitzt, dann wird dieser Antrag keine Ablehnung finden.

Es bieten sich also zahlreiche Potenzen im neuen Lehrplan Mathematik, Paradoxien mehr Gewicht im Unterrichtsalltag als zuvor einzuräumen. Und das scheint im heutigen oftmals trockenen und abstrakten Mathematikunterricht auch nötig. Zuviel praxisferne Aufgaben rufen bei den Schülern Fragen nach dem Sinn derartiger Betrachtungen auf, anstatt Interesse für Lösung und Gehalt einer mathematischen Aufgabe zu wecken. Deswegen bleibt es zwar nach wie vor jedem Lehrer freigestellt, wie er seinen Unterricht gestaltet und ob er auf paradoxe Phänomene zurückgreift. Doch die Grundstruktur des neuen Lehrplans bietet reichlich Anreiz dafür, die eigenen womöglich veralteten Unterrichtskonzepte zu überdenken und gegebenenfalls auch Paradoxien als exotischen und würzenden Zutaten im Sinne eines motivierenden, herausfordernden Unterrichts mehr Beachtung zu schenken.

2.3   Paradoxien in Schullehrbüchern

Bei genaueren Recherchen der heutigen Schullehrbuchlandschaft fällt auf, dass paradoxen Phänomenen nur unzureichend Rechnung getragen wird. In einer von mir durchgeführten Untersuchung von über 30 Schulbüchern verschiedener Verlage (u. a. Klett, Schroedel, Oldenbourg etc. – siehe Verzeichnis der Sekundärliteratur unter „Schullehrbücher") für die Sekundarstufen I und II im deutschsprachigen Raum besaßen nur wenige eine eindeutige Affinität zu dieser Thematik.

Der eigentliche Begriff Paradoxie taucht dabei in kaum einem dieser analysierten Lehrbücher auf. Wenigstens greifen einige der Lehrbücher auf Aufgabenbeispiele aus dieser Thematik zurück. Bezeichnend dabei ist, dass in den Lehrbüchern, in denen paradoxe Phänomene aufgeführt werden, die Reichhaltigkeit und Verschiedenartigkeit dieser paradoxen Sachverhalte als sehr dürftig und kaum vorhanden eingestuft werden muss.

Kaum ein Lehrbuch erläutert ein mathematisches Paradoxon und klärt den vermeintlichen Widerspruch auf, oft wird einfach nur per Fußnote der Verfasser eines in einer Übungsaufgabe versteckten Paradoxons gewürdigt. So wird es auch dem innovativen Lehrer nicht leicht gemacht, sich selbst in den Sachverhalt einzuarbeiten und ihn in den Unterricht einzubauen, zumal selbst viele Lehrer arge Verständnisprobleme mit Paradoxien haben. Einen kurzen Überblick über die Ergebnisse der Lehrbuchanalyse bietet folgende Tabelle:

Anzahl untersuchter Schullehrbücher		Zahl der Lehrbücher, die Paradoxien enthalten	Anteil Lehrbücher mit Paradoxien am Gesamtanteil in %
36		16	44,4
davon:			
Sek. I:	10	2	20
Sek. II:	26	14	53,9
Anzahl und Art des Vorkommens der Paradoxien wie folgt:			

Geburtstags-problem	Ziegenproblem	De Mére	Ankunftsproblem	andere (Zufallswege, Aufteilungsproblem u. a.)
10 Mal	2 Mal	7 Mal	2 Mal	5 Mal

Man kann anhand der Tabellen schnell ersehen, dass die heute verwendeten Schullehrbücher das Verwenden und Nutzbarmachen von paradoxen Sachverhalten im Mathematikunterricht eher hemmen, als stärken.

Wenn nur jedes zweite Buch der Sekundarstufe II, dass das Thema Stochastik beinhaltet, zumindest eine Paradoxie beinhaltet, in der Sekundarstufe I gar nur jedes 5. Buch, dann ist es leicht zu erklären, dass das Thema Paradoxien im Mathematikunterricht gar nicht erst ins Bewusstsein der Mathematiklehrer rücken kann. Freilich liegt es auf der Hand, dass in höheren Klassenstufen das mathematische Rüstzeug der Lernenden bedeutend vielseitiger ist und sich mehr Ansatzpunkte zur Beleuchtung eines mathematischen Paradoxons bieten. Aber das darf kein Grund für Lehrbücher der Sekundarstufe I sein, dieses Thema gänzlich außen vor zu lassen, wo sich doch wie später noch in den Gliederungspunkten 4, 5 und 6 gezeigt wird, viele stochastische Paradoxien mit einfachen stochastischen Mitteln erklären lassen.

Besonders traurig mag aber auch anmuten, dass bei Lehrbüchern, die paradoxe Sachverhalte aufgreifen, kaum einmal der Begriff Paradoxie fällt und die thematische Abhandlung der Paradoxien nur auf Sparflamme läuft. Eingebaut in eine Übungsaufgabe finden sie zumeist nur oberflächlich Betrachtung und laden dazu ein, ganz übergangen zu werden. Nur ganz selten wird ein paradoxes Phänomen (zumeist das Geburtstagsproblem) näher beleuchtet und dessen mathematischer Hintergrund aufgeklärt. Ein Beispiel für solch eine kurze und wenig sinnvolle Abhandlung des eigentlich so facettenreichen Geburtstagsproblems findet sich im Lehrbuch „Stochastik – Grundkurs" von August Schmid:

Beispiel 1: (Geburtstagsproblem) Mit welcher Wahrscheinlichkeit haben mindestens 2 von 23 zufällig in einem Raum anwesenden Personen am gleichen Tag Geburtstag? Wir stellen uns die Tage des Jahres als eine Urne mit 365 verschiedenen Kugeln vor. Um die Anzahl aller Möglichkeiten, wie 23 Personen Geburtstag haben können, zu ermitteln, denken wir uns 23 Ziehungen mit Zurücklegen; sie beträgt 365^{23}. Für das Ereignis, daß alle 23 Personen an verschiedenen Tagen Geburtstag haben, hat man 23mal ohne Zurücklegen zu ziehen; es ergeben sich $365 \cdot 364 \cdot \ldots \cdot (365 - 23 + 1)$ Möglichkeiten. Damit ist die Wahrscheinlichkeit des Ereignisses A: „Mindestens 2 von 23 Personen haben am gleichen Tag Geburtstag"

$$P(A) = 1 - \frac{365 \cdot 364 \cdot \ldots \cdot 343}{365^{23}} \approx 0,51.$$

(August Schmid, 1991, siehe Seite 49: 10)

Auffällig und Mut machend ist aber der Trend, dass die Behandlung paradoxer Phänomene derzeit eine kleine Renaissance erfährt. Im Zuge der Forderung nach einer mehr herausfordernden und komplexeren Aufgabenkultur, die von Seiten des aktuell vorherrschenden konstruktivistischen Ansatzes in der allgemeinen Didaktik bewusst gefördert wird, finden in neueren und neuesten Lehrbüchern wieder mehr Paradoxien ein zu Hause.

Dieser Trend lässt sich bei genauer Betrachtung auch in meiner Lehrbuchstudie erkennen: Von den 16 Lehrbüchern, die Paradoxien beinhalten, sind 12 Lehrbücher seit 1990, nur vier davon vor 1990 erschienen. Dagegen sind von den 20 Lehrbüchern ohne ein einziges Paradoxon 9 vor 1990 erschienen, 11 in diesem Jahr oder danach. Das heißt, 12/16 (=75%) der Lehrbücher mit Paradoxien sind seit 1990 erschienen, bei den Lehrbüchern ohne Paradoxien sind nur 11/20 (=55%) nach oder im Jahr 1990 publiziert worden. Die Trendwende hin zu einer neuen mathematischen Aufgabenkultur, die nicht nur auf das Einbläuen von auswendig gelernten Lösungsstrategien zielt, wird auch durch die Ergebnisse von PISA 2000 und PISA 2003 begünstigt. Zunehmend übt auch die Politik Einfluss auf das Ziel einer neuen zukunftsorientierten modernen und stimulierenden Lehrtätigkeit aus. Reformen der bisher viel zu theoretischen Lehrerausbildung an den Universitäten werden ins Leben gerufen. Das kann auch der Thematik „Paradoxien im Mathematikunterricht" nur gut tun. Dieser thematische Kontext wird später unter Punkt 5 noch genauer behandelt und intensiviert.

3.   Empirische Analyse zur Bedeutung von Paradoxien im Unterricht

3.1 Ziel und Inhalt der Untersuchung

Die Voraussetzungen, die der Lehrplan zur freien Umsetzung des curricular vorgeschriebenen Wissens durch einen jeden Mathelehrer schafft, stehen oft in herber Diskrepanz zur Realität des tatsächlichen Vermittlungsprozesses. Um zu untersuchen, welche Rolle Paradoxien nicht nur in theoretischer Form des Lehrplans, sondern in praktischer Form des Unterrichtens spielen, sind einige Lehrer aus verschiedenen Bundesländern befragt worden, ob und in welchem Kontext paradoxe Phänomene in ihrem Unterricht Anwendung finden.

Dabei ist besonders darauf Wert gelegt worden, herauszufinden, wie Paradoxien in den Unterrichtsprozess eingeflochten werden, und ob die Parameter regionale Gesichtspunkte, Dauer der Berufserfahrung oder verwendetes Lehrbuch für den Gebrauch oder Nichtgebrauch im Unterricht eine Rolle spielen. Ein Exemplar des kompletten Fragebogens ist im Anhang zu finden. Der Fragebogen ist an modernen Methoden der Empirischen Sozialforschung orientiert, um möglichen Befragungsfehlern von vornherein vorzubeugen. Eng anlehnend an ein Forschungsprojekt über den Mathematikunterricht in der Sekundarstufe II von Uwe-Peter Tietze aus dem Jahr 1986 (Uwe-Peter Tietze, 1986, siehe Seite 68ff.: 11) ist der entworfene Fragebogen konzipiert und mehrmals überarbeitet worden, um tatsächlich aussagekräftige und hilfreiche Aussagen der ausfüllenden Mathematiklehrer zu erhalten.

Trotzdem muss man sich schon vorher darüber im Klaren sein, dass aus dieser Analyse geringen Stichprobenumfangs kein Bild der Allgemeinheit erstellt werden kann, auch wenn es möglich sein wird, gewisse sich häufende Auffälligkeiten besser einordnen und für das Gesamtbild über Paradoxien heranziehen zu können. Festgehalten werden sollte an dieser Stelle auch, dass der Fragebogen zwar einen kurzen Einleitungstext zur Thematik beinhaltet, aber einigen Lehrenden der Bezug zum Begriff Paradoxie wohl fehlen wird. Deswegen ist einige Male bereits im Vorhinein eine Selektion getroffen worden, um tatsächlich nur diejenigen Lehrer zu befragen, die Paradoxien bzw. derer Beispiele kennen und diese auch wenigstens gelegentlich in ihrem Unterricht zur Anwendung bringen.

Mittels der im nun aufgeführten und ausgewerteten Ergebnisse soll deutlich werden, ob diese bereits vermutete Diskrepanz zwischen Kosten und Nutzen des Einbringens von Paradoxien in den Mathematikunterricht tatsächlich existiert, und es soll geklärt werden, woran das genau liegen kann.

3.2 Präsentation der Ergebnisse und Diskussion

Insgesamt sind im Rahmen der empirischen Untersuchung 13 Fragebögen beantwortet worden. Dabei handelt es sich um drei Fragebögen von Lehramtsanwärtern und zehn von praktizierenden Mathematiklehrern:

Ausgefüllte Fragebögen	13
davon	
–Lehramtsanwärter	3
-Lehrer	10

Das Geschlechterverhältnis der befragten Personen ist in etwa gleich, von den 10 Lehrern wurden 6 Frauen und 4 Männer befragt, bei den Lehramtsanwärtern zwei Männer und eine Frau.

Um sich von den Befragungsergebnissen ein besseres Bild machen zu können, sind die Ergebnisse der einzelnen Fragen im Folgenden tabellarisch aufbereitet worden. Als Hinweis sollte noch vorweggenommen werden, dass alle Befragten, die Frage 1 mit „nein" beantwortet haben, gleich weiter zu Frage 4 springen sollten. Das ist der Grund dafür, dass Frage 2-3 nur jeweils neun Versuchspersonen beantwortet haben:

Frage 1: Greifen Sie auf den Einsatz von Paradoxien im Rahmen ihres Mathematikunterrichts zurück?

Antwortkategorien/ Zahl der Nennungen	ja, selten	ja, häufig	nein	nur bei Vertretungs- stunden
gesamt: 13	09 – (69%)	0	4 – (31%)	0

Frage 2a: Welche Paradoxien verwenden Sie im Unterricht? In welchen Klassenstufen werden sie behandelt?

Art der Nennungen (der 9 Versuchspersonen)	Anzahl der Nennungen (in % von 9)	Klassenstufenzuordnung			
		5/6	7/8	9/10	11/12
gesamt:	16	1	7	3	5
Achilles und die Schildkröte	4 – (44%)	0	2	0	2
Geburtstagsproblem	4 – (44%)	0	1	2	1
Sternendeuteranekdote	2 – (22%)	0	1	1	0
Ziegenproblem	2 – (22%)	0	1	0	1
Bandproblem (Umfang Erde +1m)	2 – (22%)	0	2	0	0
Trug-/ Zerrbilder	1 – (11%)	1	0	0	0
„Menge aller Mengen" (Russel´sche Antinomie)	1 – (11%)	0	0	0	1

Frage 2b: Wie genau werden die Paradoxien behandelt, d.h. wie genau ordnen sie sich in den Erkenntnisgang ein?

Art der Nennungen (der 9 Versuchspersonen)	Anzahl der Nennungen (in % von 9)
gesamt:	9
zur Motivation/Zielorientierung	5 – (56%)
in den Raum (zur Diskussion) gestellt	2 – (22%)
den „AHA-Effekt" auswerten	1 – (11%)
zur Problemorientierung + Lösungsstrategienfindung	1 – (11%)

Frage 3: Weshalb setzen Sie Paradoxien ein, worin liegt für Sie der didaktische Reiz?

Art der Nennungen (der 9 Versuchspersonen)	Anzahl der Nennungen (in % von 9)
gesamt:	20
zur Motivation/Zielorientierung	5 – (56%)
zur Förderung leistungsstarker Schüler	1 – (11%)
zum Erzeugen von „AHA-Erlebnissen"	3 – (33%)
zum Überschreiten von Denkgrenzen	3 – (33%)
zum Spannung erzeugen, Nachdenken anregen	2 – (22%)
wegen der Verwirrung, des Spaßes	3 – (33%)
wegen der unerwarteten Ergebnisse	3 – (33%)

Frage 4: Welche Probleme sehen Sie beim Einbringen eines Paradoxons in den Unterricht? Was hält Ihrer Meinung nach andere Mathematiklehrer davon ab, Paradoxien in deren Unterricht einzusetzen?

Art der Nennungen (der 13 Versuchspersonen)	Anzahl der Nennungen (in % von 13)
gesamt:	24
Verständnisprobleme	
- bei leistungsschwächeren Schülern / Überforderung	5 – (38%)
- beim Lehrer selbst	3 – (23%)
Desinteresse des Lehrers	4 – (31%)
zu zeitaufwendig	9 – (69%)
Scheu davor, zu wenig Experimentierfreude	1 – (08%)
Zu wenig Kenntnisse des Lehrers darüber	2 – (16%)

Frage 5: Denken Sie, dass Schullehrbücher der Mathematik paradoxen Phänomenen genügend Rechnung tragen?

Antwortkategorien/ Zahl der Nennungen	nein	habe ich noch nicht drauf geachtet	Ja
gesamt: 13	08 – (61%)	05 – (39%)	0

Frage 6: Welches Lehrbuch / welche Lehrbücher verwenden sie an ihrer Schule?

Art der Nennungen (der 13 Versuchspersonen)	Anzahl der Nennungen (in % von 13)
gesamt:	15
Lehrbuch von Lambacher-Schweizer	4 – (31%)
„Elemente der Mathematik" vom Schroedel-Verlag	7 – (54%)
„Mathe Plus" von Volk und Wissen	3 – (23%)
Paetec-Verlag	1 – (08%)

Frage 7: Nehmen Sie zu folgenden Behauptungen auf einer Skala von 1 (=vollkommen) über 3 (=teils - teils) bis 5 (=ganz und gar nicht) Stellung!

Behauptung	Zahl der Nennungen (der 13 Befragten) **bei**				
	1 =vollkommen	**2**	**3** = teils -teils	**4**	**5** = ganz und gar nicht
1.Paradoxien sind unverzichtbar für den Mathematikunterricht	1 – (08%)	3 – (23%)	7 – (54%)	1 – (08%)	1 – (08%)
2. Ich habe selbst Verständnisprobleme bei paradoxen Phänomenen	1 – (08%)	1 – (08%)	4 – (31%)	4 – (31%)	3 – (23%)
3. In den letzten Jahren ist die Bedeutung von Paradoxien im Mathematikunterricht gewachsen	1 – (08%)	2 – (15%)	4 – (31%)	5 – (38%)	1 – (08%)
4. In der heutigen Zeit ist es wichtig, Schüler durch Paradoxien für mathematische Phänomene zu begeistern	2 – (15%)	7 – (54%)	3 – (23%)	1 – (08%)	0
5. Paradoxien haben zu wenig Bedeutung im Mathematikunterricht	0	2 – (15%)	6 (46%)	3 – (23%)	2 – (15%)
6. Durch Paradoxien werden vor allem leistungsschwächere Schüler besonders motiviert	3 – (23%)	1 – (08%)	4 – (31%)	3 – (23%)	2 – (15%)

Frage 8: Statistische Angaben (der 13 befragten Personen)

Schule innerhalb Sachsens	Schule außerhalb Sachsens
10	3

Schultyp, an dem unterrichtet wird, ist Gymnasium	Schultyp, an dem unterrichtet wird, ist Mittelschule	Lehramtsanwärter für Gymnasium
9	1	3

Berufserfahrung in Jahren	0 – 4	5 – 10	11 – 20	> 20
Anzahl der Nennungen (der 10Befragten, d.h. ohne die 3 befragten Lehramtsanwärter)	1 – (10%)	1 – (10%)	6 – (60%)	2 – (20%)

Nimmt man die erfassten Ergebnisse genauer unter die Lupe, fällt auch schon bei diesem geringen Stichprobenumfang einiges auf: Paradoxien spielen im heutigen Unterrichtsgeschehen keine oder höchstens eine untergeordnete Rolle. Zwar antworten bei Frage eins 9 der 13 Lehrer, dass sie gelegentlich mit Paradoxien arbeiten, aber wenn man bedenkt, dass bei der Vorauswahl der Probanden mindestens noch einmal genau so viele durchs Raster fielen, weil sie mit dem Begriff Paradoxie schon gar nichts anfangen konnten, erhärtet das die Substanz der These.

Interessant sind die Ergebnisse zu fachlichen Gesichtspunkten, die in den Fragen 2 und 3 nur an diejenigen Lehrer gestellt wurden, die wenigstens gelegentlich mit Paradoxien arbeiten. Es fällt auf, dass die Auswahl im Unterricht genutzter Paradoxien stark begrenzt ist. Auch wenn altbekannte Paradoxien wie der Wettlauf von Achilles mit der Schildkröte und das Geburtstags- oder Ziegenproblem mehrmals genannt werden, bleibt die Vielfalt der genannten paradoxen Phänomene weitgehend auf der Strecke. Gründe dafür sind wohl in Frage 5 zu finden, denn hier antworten acht der 13 Lehrer mit „nein" auf die Frage, ob Schullehrbücher dem Thema Paradoxien genügend Widmung schenken. Bekommt man aber in Schullehrbüchern nicht die Möglichkeit geboten, sich selbst (von Paradoxien) inspirieren zu lassen, schaffen es die wenigsten Lehrer, sich noch selbst außerhalb ihres Schulalltags in Eigeninitiative Unterrichtsanregungen einzuholen. Zu eng gesteckt ist dann die zeitliche

Verfügbarkeit eines Lehrertages, zu viel Desinteresse für die Erarbeitung zusätzlicher Unterrichtsinhalte vorhanden, wie die Antworten bei Frage 4 eindrucksvoll belegen.

Führt man sich die Ergebnisse von Frage 2b vor Augen, ist auffällig, dass der Einsatz von Paradoxien im Unterricht zum einen sehr offen, zum anderen aber auch sehr eingeschränkt handhabbar ist. Die wenigsten Probanden legen sich bei der Beantwortung dieser Frage genau fest, die meisten geben an, dass sich der Einsatz von Paradoxien an vielen Stelle anbiete und lohne, ohne detailliert auf die Frage nach dem „Wie" einzugehen. Daher wird es in den Kapiteln 5 und 6 dieser Arbeit eine spannende und reizvolle Aufgabe sein, genau diesen Aspekt, das Einbinden von Paradoxien in einen realen Unterrichtsprozess, zu vertiefen.

Meistens scheinen paradoxe Sachverhalte als Motivation und Zielorientierung eine große Rolle zu spielen. Aber die Lehrer denken auch weiter, wie die Antworten bei Frage 3 zeigen. So gehe es auch um das Überschreiten von Denkgrenzen, um unerwartete Ergebnisse und um den Spaß, wenn Teile der Klasse aufgrund des „Aha-Erlebnisses" für den ersten Moment (und womöglich noch viel länger) verwirrt sind. Das zeigt, dass die Probanden sich sehr wohl der Lernpotenzen von Paradoxien bewusst sind.

Um die wesentlichen Gründe zu erkunden, warum Paradoxien in der schulischen Alltagswelt die bereits erwähnte untergeordnete Rolle einnehmen, lohnt es sich die Antworten von Frage 4 näher zu beleuchten. So geben hier 69% der Befragten an, dass es zeitlich, aufgrund von verbindlichen Verpflichtungen des Lehrplans, nicht möglich sei, paradoxe Phänomene in den Unterricht einzubringen, während nur 38% den triftigsten Grund, nämlich Verständnisprobleme bei den Schülern, aufführen. Ein ebenso wichtiger Faktor für das Ergebnis scheint auch zu sein, dass 23% so mutig sind, zuzugeben, sich selbst überfordert fühlen, Paradoxien zu verstehen, geschweige denn selbst den Lernenden im Laufe eines Unterrichtsprozesses erklären zu müssen. Aber auch das mangelnde Wissen über paradoxe Sachverhalte, wegen des verschwindend geringen Auftretens von paradoxen Sachverhalten in Lehrbüchern und Arbeitsheften, wird angeführt, was gut nachvollziehbar scheint.

Die Art der von den Probanden an deren Schulanstalt verwendeten Lehrbücher ist relativ ähnlich, ein Großteil nutzt die Lehrbuchreihe „Elemente der Mathematik" von Schroedel, fast genau so viele den Lambacher - Schweizer, der vor allem in Sachsen in Grund- und Leistungskurses verwendet wird. Trotzdem fällt auch hier auf, dass z.B. kein einziger Proband das Buch „Stochastik Leistungskurs" des Ehrenwirth - Verlages nutzt, das paradoxen

Phänomenen von allen Lehrbüchern noch die größte Aufmerksamkeit schenkt. Vielleicht ändert sich das Bild in naher Zukunft, wenn viele Verlage die Überarbeitung ihrer Lehrmaterialien wegen der in Sachsen eingeführten neuen Lehrpläne abgeschlossen haben. Dann könnte ein Hindernis für die Behandlung von Paradoxien im Mathematikunterricht – dass Lehrbücher diesem Thema zu wenig Raum und Inhalt bieten – wegfallen.

In der 7. Frage sollten dann zusammenfassend die Lehrer zu einzelnen Behauptungen Stellung nehmen, die die Thematik aus verschiedenen Blickwinkeln beleuchteten. Dabei haben die meisten Probanden keine echte Meinung dazu, ob Paradoxien für den Mathematikunterricht unentbehrlich sind, nur 4 der 13 Befragten sehen das so. Zumindest geben bei der zweiten Behauptung 6 Probanden zu, selbst zumindest teilweise Verständnisschwierigkeiten bei verschiedenen Paradoxien zu besitzen. Die Dunkelziffer wird wohl allerdings noch um einiges höher liegen, was ja aber nicht peinlich, sondern nur menschlich ist und sogar einen der Hauptgründe für den didaktischen Reiz von Paradoxien ausmacht. Die Probanden sind sich dagegen relativ einig darüber, dass die Bedeutung an paradoxen Phänomenen in letzter Zeit nicht zugenommen hat, auch wenn eine Mehrheit es als lohnend und wichtig ansieht, Lernende für solche Sachverhalte zu begeistern. Dass Paradoxien im Allgemeinen zu wenig Bedeutung im Mathematikunterricht besitzen, sehen die dreizehn Befragten nicht so.

Bedenkt man, dass mehr als die Hälfte der Befragten mehr als zehn Jahre Berufserfahrung hat, ist es fragwürdig, warum die Meinungen bei der letzten Frage, ob vor allem leistungsschwächere Schüler durch Paradoxien motiviert werden, so auseinander gehen. Vier Probanden sehen das so, fünf andere nicht und noch einmal vier andere sind geteilter Meinung. In Gesprächen mit den Lehrern gaben viele zu bekennen, dass ihrer Meinung nach besonders leistungsschwächere Schüler demotiviert würden, weil sie zumeist, wie auch im sonstigen Mathematikunterricht, die meisten Probleme hätten, das Paradoxon zu verstehen und aufgrund dieser offensichtlichen Lernschwellen deprimiert seien. Manche Lehrer scheinen dies aber doch anders gesehen zu haben, wie die große Varianz der Antworten zeigt.

3.3 Resümee

Wie bereits angekündigt, kann die empirische Untersuchung nicht stellvertretend für die Mehrheit der Lehrerschaft herangezogen werden, dafür war der Stichprobenumfang viel zu klein, die Breite der Auswahl zu begrenzt. Und doch lassen sich einige Tendenzen festhalten:

1. Die Befragten haben zumeist keine oder wenig Affinität mit mathematischen Paradoxien, sehen dies aber nicht als problematisch an, auch wenn sie deren Verwendung im Unterricht reizvoll finden.

2. Die Probanden sehen vor allem Zeitmangel, Verständnisprobleme bei sich und den Lernenden, aber auch eigene dürftige Kenntnisse über mathematische Paradoxien als Gründe dafür an, warum Paradoxien so wenig Beachtung im Schulalltag finden.

3. Schullehrbücher tragen aus der Sicht der Probanden auch zu wenig dazu bei, den didaktischen Reiz von Paradoxien durch zur Verfügung stellen von geeignetem Material zu erhöhen.

4. Es bleibt weitgehend offen, wie genau Paradoxien im Unterricht Anwendung finden, zu selten werden sie im Unterricht genutzt. Als Motivation und Zielorientierung, indem sie einfach in den Raum gestellt, oder als Hausaufgabe aufgegeben werden, werden sie oft auch abgekoppelt vom eigentlichen Lernprozess stiefmütterlich in den Unterricht eingebaut.

5. Das Desinteresse des Lehrers an neuen Unterrichtsinnovationen und die weitgehende Unkenntnis im Umgang mit Paradoxien stehen für einen angespannten und gestressten Lehrertypus, den Weiter- und Fortbildungen zur Verbesserung der eigenen didaktischen Expertise nur noch mehr unter Druck setzen. Die 37-jährige Mathematiklehrerin Frau Kohlstedt vom Gymnasium Dresden – Cotta bringt es auf den Punkt: „Im Zuge der angespannten Lage auf dem Arbeitsmarkt herrscht einzig das Prinzip Leistung vor, es ist keine Zeit mehr nach rechts und links zu schauen, um sich von irgendwas inspirieren zu lassen."

4. Vorstellung ausgewählter stochastischer Paradoxien

Wie bereits angeführt, besitzt die Stochastik einen wunderbaren Reichtum an paradoxen Phänomenen, da vor allem Glücksspiele und Verteilungsprobleme jede Menge an faszinierenden Fragen aufwerfen. Deswegen muss an dieser Stelle eine Vorauswahl getroffen werden, um nicht quantitative Aspekte auf Kosten einer möglichst intensiven qualitativen Betrachtung zu bevorzugen.

Die Paradoxien sind daher auf Inhalt, Lernhaltigkeit und Aktualität untersucht und anschließend entsprechend dieser Kriterien selektiert worden. So können auch ähnliche Paradoxien gleichen Hintergrundes einer bestimmten Thematik zugeordnet werden, wie das unter den Gliederungspunkten 4.2 bis 4.5 versucht wurde. Die Paradoxien werden wissenschaftlich fundiert erläutert, im nachfolgenden Punkt 5 erfolgt dann eine didaktische Einordnung in den Mathematikunterricht und eine dem Verstehenshorizont der Schüler angepasste Deutung und Begründung.

4.1 Das Ziegenproblem

Seit 1991 steht das Ziegenproblem (unter anderem Namen auch als „3-Türen-Problem" bezeichnet) als Inbegriff für zünftigen mathematischen Streit. Ganze Bücher wurden ihm schon gewidmet (siehe Gero von Randow, 1999: 3), und doch sollen bis in die heutige Zeit hinein auch letzte Zweifler noch nicht von der richtigen und mittlerweile auch mathematisch einsichtigen Lösung zu überzeugen sein. Das Problem hat sich zu einem Klassiker entwickelt, seitdem Frau Marylin vos Savant, die Frau mit dem höchsten jemals gemessenen Intelligenzquotienten, ihre Lösung des Problems präsentierte und dafür nur Schmährufe aus allen Teilen der Gesellschaft erntete. Das Problem, um das es ging, stellt sich wie folgt dar:

„Ein Kandidat nimmt an einer Spielshow im Fernsehen teil, bei der er eine von drei verschlossenen Türen auswählen soll. Hinter einer Tür wartet ein Preis, hinter den beiden anderen eine Ziege. Er entscheidet sich nun für eine Tür, sagen wir Nummer eins. Sie bleibt vorerst geschlossen. Der Moderator weiß, hinter welcher Tür sich der Preis befindet und öffnet zuerst eine andere Tür, zum Beispiel Nummer drei, und eine meckernde Ziege schaut ins Publikum. Er fragt nun den Kandidaten, ob er bei seiner Tür bleiben oder lieber wechseln möchte?" (nach Benno Grabinger, 1997, siehe Seite 32: 12) Frau Marylin vos Savant antwortete damals, es sei günstig zu wechseln und zog dadurch die bereits erwähnte geballte Entrüstung der Gesellschaft auf sich.

Kein Wunder, schließlich argumentiert jeder vernünftige Mensch folgendermaßen: Nachdem der Moderator eine der 3 Türen geöffnet hat, hinter der sich der Preis nicht befindet, muss der Preis hinter einer der beiden noch verschlossenen Türen versteckt sein. Ob ich nun wechsele oder nicht, bleibt sich gleich, da ein Preis hinter zwei möglichen Türen jeweils einer fifty-fifty-Chance gleichkommt.

Diese Argumentation birgt allerdings einen Fehler, denn man hat nicht beachtet, dass der Moderator bereits vorher informiert war, hinter welcher Tür sich der Preis befindet und damit nicht per Zufall, sondern wissentlich eine Tür geöffnet hat, hinter der sich garantiert kein Preis befindet. Wir zeichnen uns zur Lösung des Problems ein Baumdiagramm:

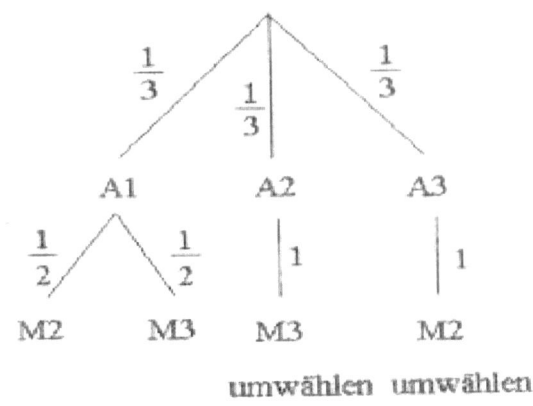

Mit Hilfe der beiden Pfadregeln lässt sich das Problem nun leicht lösen. Wir dürfen ohne Einschränkungen annehmen, dass der Kandidat Tür 1 auswählt. Falls dies nicht der Fall sein sollte, lassen sich die Türen umnummerieren. Es werden nun die Ereignisse A1, A2, A3 und M2 und M3 betrachtet. Dabei sollen A1, A2 bzw. A3 bedeuten, dass der Hauptpreis, ein Auto, hinter Tür 1, 2 bzw. 3 steht. M2 und M3 stehen dafür, dass der Moderator der

Spielshow die Tür mit der entsprechenden Zahl öffnet. Damit wird leicht einsichtig, dass bei der Wahl von Tür 1 des Kandidaten der Moderator im Fall A2 und im Fall A3 nur noch eine Möglichkeit hat, eine Tür zu öffnen. – Das heißt, die Wahl des Moderators für die erste von ihm zu öffnende Tür, hinter der eine Ziege steht, ist nun keine mehr, er muss eine der beiden Türen wählen, da der Kandidat mit der gewählten Tür 1 ja die andere Ziegentür in den beiden Fällen A2 und A3 blockiert (siehe Baumdiagramm). Mittels der beiden Pfadregeln, Pfadmultiplikationsregel und Pfadadditionsregel, ergibt sich nun als Wahrscheinlichkeit für das Ereignis „Erfolg durch Türwechsel":

P (Kandidat gewinnt Preis durch Türwechsel) $= 1/3 * 1$ $+ 1/3 * 1$ $=$ <u>2/3.</u>

Durch Beharren auf der zuerst gewählten Tür 1 den Preis trotzdem zu gewinnen ist:

P (Erfolg durch nicht Türwechseln) $= 1/3 * \frac{1}{2}$ $+ 1/3 * \frac{1}{2}$ $=$ <u>1/3.</u>

Die Wahrscheinlichkeit, den Preis ohne einen Türwechsel zu gewinnen kann auch über das Gegenereignis ausgedrückt werden:

P (Erfolg durch nicht Türwechseln) $= 1 - 2/3$ $=$ <u>1/3.</u>

Mathematisch untermauern lässt sich diese verblüffende Lösung auch durch den Satz von Bayes:

$A_1,...,A_n$ seien Ereignisse, die eine Zerlegung von einer Menge S bilden und positive Wahrscheinlichkeiten haben. Ist dann B ein beliebiges Ereignis mit $P(B) \neq 0$ und A_i eines der Ereignisse $A_1,...,A_n$, so gilt:

$$P (A_i \mid B) = \frac{P (A_i) * P (B \mid A_i)}{\sum_{i=1}^{n} P (B \mid A_i) * P (A_i)}$$

Wendet man den Satz von Bayes nun auf die Ziegenproblematik an, ergibt sich unter Beachtung, dass der Kandidat wiederum Tür 1 gewählt und der Moderator Tür 3 geöffnet hat, folgende Wahrscheinlichkeit für einen Preis hinter Tür 2:

$$P(A2 \mid M3) = \frac{P(M3 \mid A2) * P(A2)}{P(M3 \mid A1) * P(A1) + P(M3 \mid A2) * P(A2) + P(M3 \mid A3) * p(A3)}$$

$$P(A2 \mid M3) = \frac{1 * 1/3}{1/2 * 1/3 + 1 * 1/3 + 0 * 1/3}$$

$$P(A2 \mid M3) = \frac{1/3}{1/6 + 1/3}$$

$$P(A2 \mid M3) = 2/3.$$

Die Werte hinter den einzelnen Ausdrücken sind unter Beachtung der Ausgangsbedingungen sehr gut nachvollziehbar. Traut man dem Sachverhalt immer noch nicht, kann man auch hier eine Gegenprobe durchführen, dass das Auto hinter der selbst gewählten Tür 1 versteckt ist:

$$P(A1 \mid M3) = \frac{P(M3 \mid A1) * P(A1)}{P(M3 \mid A1) * P(A1) + P(M3 \mid A2) * P(A2) + P(M3 \mid A3) * P(A3)}$$

$$P(A1 \mid M3) = \frac{1/2 * 1/3}{1/2 * 1/3 + 1 * 1/3 + 0 * 1/3}$$

$$P(A1 \mid M3) = \frac{1/6}{1/6 + 1/3}$$

$$P(A1 \mid M3) = 1/3.$$

So ist es mit Hilfe einfacher stochastischer Mittel möglich, die Problematik aufzuklären und die richtige Lösung der Frau Savant zu begründen. Für jetzt immer noch Uneinsichtige kann man den Versuch auch mit drei Skatkarten (zwei Sieben stehen z.B. für die Ziegen, ein As für den Gewinn) oder drei Pappbechern simulieren, unter einem man z.B. ein Stück Schokolade versteckt. Der Freund oder die Freundin nimmt die Position des Moderators ein, weiß also um die Position des Gewinns und kann so wie der Moderator reagieren. 60 Versuche, bei denen man 30mal wechselt und 30mal nicht, wird schnell jeden immer noch Zweifelnden überzeugen.

4.2 Das Ankunftsproblem

(aus: Kitaigorodski, 1975, siehe Seite 62: 13)

Das Ankunftsproblem liegt wie viele stochastische Probleme in verschiedenen Versionen vor. Der Anschaulichkeit wegen wird es nun in einen aus dem Alltag bekannten Kontext eingebettet. Im Anschluss sollen noch andere verwandte Versionen dieses stochastischen Problems aufgegriffen werden.

Zum eigentlichen Problem:

Ein Liebespaar ist zu einem Treffen am späten Nachmittag verabredet. Leider kann der Mann schlecht über seine Zeit verfügen und weiß daher nicht genau, wann genau er am Treffpunkt, einer Bushaltestelle, eintreffen wird. Er kann daher seiner Freundin nur anbieten, irgendwann zwischen 17.40Uhr und 18.40Uhr an der Haltestelle zu sein. Diese ist davon natürlich überhaupt nicht begeistert und will keine Stunde auf ihn warten. Der Mann besänftigt seine Freundin, indem er ihr sagt, dass selbst, wenn sie beide rein zufällig innerhalb dieser einen Stunde an der Haltestelle eintreffen, die Wahrscheinlichkeit sehr groß ist, dass keiner länger als zwanzig Minuten auf den anderen warten muss. Hat der Mann damit wohl Recht? (Problem nach A. Kitaigorodski, 1975, Seite 60ff.: 13)

Ein günstiger Ausgang des Problems ist der Augenblick des Zusammentreffens. Da aber das Zeitintervall einer Stunde aus unendlich vielen Momenten besteht, ist die Anzahl möglicher Resultate unendlich groß. Der Laplace-Ansatz, die Wahrscheinlichkeit über den Quotienten aus der Anzahl der günstigen Ereignisse und der Anzahl der möglichen Ereignisse zu bestimmen, gilt nur für eine endliche Menge von Resultaten und ist daher in seiner Ursprungsform hier nicht mehr anwendbar. Es ist daher ratsam, nicht die konventionellen Wege zur Lösung des Problems zu beschreiten, sondern die Frage geometrisch zu klären. Dazu ist es vonnöten, den Begriff der geometrischen Wahrscheinlichkeit zu definieren:

Unter einem *Zufallsexperiment mit geometrischer Wahrscheinlichkeit* versteht man ein Zufallsexperiment, bei dem der Ereignisraum Ω eine Teilmenge des R^n mit endlichem Inhalt (Länge, Flächeninhalt, Volumen, …) ist und die Wahrscheinlichkeit eines beliebigen Ereignisses $A \subseteq \Omega$ proportional zum Inhalt von A ist.

Für ein Zufallsexperiment mit *geometrischer Wahrscheinlichkeit* und den Ereignisraum $\Omega \subseteq R^n$ ist das Wahrscheinlichkeitsmaß P auf Ω mit

$$P(A) = \frac{Inhalt\_von\_A}{Inhalt\_von\_\Omega} = \frac{Inhalt\_der\_günstigen\_Fälle}{Inhalt\_der\_möglichen\_Fälle}$$

ein geeignetes Modell für den dieses Zufallsexperiment steuernden Zufall.

Zur Lösung dieses geschilderten Problems fertigt man sich also ein quadratisches Diagramm für die Zeit zwischen 17.40 und 18.40Uhr an, das die möglichen Ankunftszeiten der Frau auf der x-Achse, die Ankunftszeiten des Mannes auf der y-Achse festhält. Beide, sowohl Mann als auch Frau, warten gegebenenfalls bis zu zwanzig Minuten auf den geliebten Partner. Kommt also z.B. der Mann schon 17.40Uhr, so trifft er seine Freundin, falls diese zwischen 17.40Uhr und 18.00Uhr an der Haltestelle eintrifft. Geometrisch deuten kann man die gesamte gesuchte Fläche so: Inmitten des Quadrates zwischen 17.40Uhr und 18.40Uhr auf Abszissen- und Ordinatenachse die Fläche, die durch die beiden linearen Funktionen „$y_1 = x + 18.00Uhr$" und „$y_2 = x + 17.20Uhr$" eingegrenzt wird, wobei der Punkt 17.40Uhr als Koordinatenursprung gilt. Das Zusammentreffen des Liebespaares findet nun an einem beliebigen Punkt der schraffierten Fläche statt:

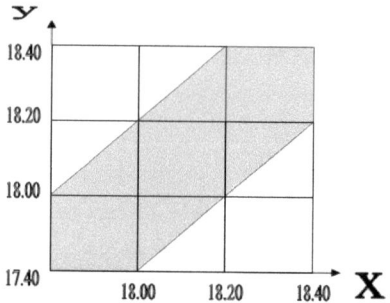

Am Diagramm wird schnell deutlich, dass die gesuchte geometrische Wahrscheinlichkeit dem Verhältnis der schraffierten Fläche zur Gesamtfläche des Quadrates entspricht. Die beiden unschraffierten Dreiecke bilden zusammen ein Quadrat mit einer Seitenlänge, die 40 Minuten entspricht. Insgesamt ergibt sich also eine unschraffierte Fläche von $40^2 = 1600$. Die Gesamtfläche des Quadrates ist danach 60^2, also 3600. Damit berechnet sich die Größe der schraffierten Fläche über 3600 - 1600 = 2000.

Die Wahrscheinlichkeit also, dass sich das Liebespaar bei einer maximalen Wartezeit von zwanzig Minuten doch innerhalb der vereinbarten Stunde trifft, ist gemäß der Definition der geometrischen Wahrscheinlichkeit:

$$P(Treff) = \frac{A_{schraffiert}}{A_{gesamt}} = \frac{2000 \, \text{min}^2}{3600 \, \text{min}^2} = \frac{5}{9} \approx 56\% \, .$$

Man kann also tatsächlich davon ausgehen, dass sich beide mit relativ hoher Wahrscheinlichkeit treffen werden. Würde man diesen Versuch 100 Male durchführen, würden sich die beiden in etwa 56 Male treffen.

Eine andere interessante Version des Ankunftsproblems ist die des Herrn Dr. Schwier (Vorlesungsaufzeichnungen „Paradoxien im Mathematikunterricht" im Sommersemester 2004: aufgeführt unter dem Namen „Ankunftsproblem": 9). Hier kommt ein Arbeiter jeden Morgen zu einem beliebigen Zeitpunkt zur U-Bahn-Station der Linien A, B und C. Er kann mit allen Linien fahren und gefragt ist nun, mit welcher Linie er wohl fahren wird, wenn er schnellstmöglich zur Arbeit kommen möchte und zu den U-Bahn-Linien folgende Informationen bekannt sind:

Linie A fährt alle 10 Minuten,	und zwar 02, 12, 22,...	und braucht 3 Minuten,
Linie B fährt alle 5 Minuten,	und zwar 01, 06, 11,...	und braucht 5 Minuten,
Linie C fährt alle 10 Minuten,	und zwar 09, 19, 29,...	und braucht 3 Minuten

bis zur Arbeit. Der Arbeiter wählt also jene Linie, die ihm bei zufälliger Eintreffenszeit die früheste Ankunftszeit auf Arbeit verspricht. Diskutiert werden soll, warum der Arbeiter immer zum Bahnsteig der Linie B laufen wird! In die Diskussion mit einfließen soll, warum der Arbeiter zu Linie A wechselt, falls die Linie C wegen Bauarbeiten vorübergehend stillgelegt ist.

Führt man sich das Problem vor Augen, wird schnell klar, worum es bei diesem Paradoxon geht: Um die Verknüpfung von verschiedenen Ankunftszeitpunkten des Arbeiters mit der jeweiligen Fahrtdauer einer Linie.

Schlüssel zur Auflösung des Phänomens ist wieder die Eintreffzeit des Arbeiters. In einem beliebigen abgeschlossenen Zehn-Minuten-Intervall [00,01, ... ,09] kann er irgendwann am Bahnsteig eintreffen. Im Fall des Eintreffens zum Zeitpunkt 00-02 sollte er mit Linie A fahren, da ihm diese mit ihrer kürzeren Fahrzeit eine schnellere Ankunft als die Linie B bietet. Linie C steht ist in diesen Zeiten völlig außer Frage, da sie erst 09 wieder fährt. Ab dem Zeitpunkt 03 bis hin zum Zeitpunkt 06 lohnt es sich mit Linie B zu fahren, die zwar 5 statt 3 Minuten braucht, aber viel eher an der U-Bahn-Haltestelle vorfährt. Erst wenn der Arbeiter 07, 08 und 09 am Bahnsteig ankommt, lohnt es sich zum Bahnsteig der Linie C zu gehen, da diese nun 09 fährt und nur 3 Minuten braucht. Linie B ist demnach in 4 von 10 möglichen Ankunftsfällen die beste Variante, die anderen beiden Linien A und C nur in jeweils 3 Fällen. Ebenso einsichtig ist das Problem, wenn Linie C stillgelegt sein sollte. Dann ändert sich nichts im Intervallbereich von 00 bis 06, in denen die Linien A und B der Linie C sowieso voraus waren. Aber im Intervallbereich 07-09 kann nun Linie C nicht mehr besser sein. Dadurch wird während dieser drei Minuten Linie A die schnellste Linie, die zwar eine Minute später (02) als Linie B (01) am Bahnsteig eintrifft, aber auch zwei Minuten kürzer unterwegs ist. Deswegen ist in diesem Fall die Wahl von Linie A zu empfehlen, die in 6 von 10 Fällen schneller als die bei drei funktionstüchtigen Linien beste Linie B ankommt.

Auf eine letzte schöne Variante soll nun noch am Rande eingegangen werden:

(in: Martin Gardner, 1985, siehe Seite 98: 14)

Adam besitzt zwei Freundinnen, eine blonde und eine rothaarige. Adam wohnt in der Innenstadt, die blonde Freundin in einem östlichen Vorort, die rothaarige Freundin in einem westlichen Vorort. Jeden Tag besucht er eine seiner Freundinnen. Er geht dann zur U-Bahn-Station und fährt mit dem Zug, der eher kommt. Wie ist es zu erklären, dass er trotz dieser Zufallsauswahl der Züge seine blonde Freundin neun Mal mehr als seine rothaarige besucht? (Problem nach Benno Grabinger, 1997, siehe Seite 23: 12)

Auch hier steckt die Antwort des Problems in der Ankunftszeit beider Züge. Besucht er die eine Freundin 9 Mal sooft wie die andere, kann das nur daran liegen, dass er in neun von zehn Fällen mit dem Zug nach Osten fährt. Also muss der Zug zu seiner blonden Freundin so fahren, dass er im selben zehnminütigen Takt immer eine Minute vor dem anderen Zug am Bahnsteig der U-Bahn eintrifft.

4.3 Geburtenverteilung und Bridge-Spiel-Paradoxa

Ein sehr interessantes stochastisches Phänomen befindet sich im Bereich der Laplace-Versuche. Darunter versteht man (stochastische) Experimente, bei denen alle möglichen Versuchsergebnisse mit gleicher Wahrscheinlichkeit eintreten können. Schränkt man nun noch ein, dass es nur zwei mögliche Versuchsergebnisse geben soll, befindet man sich bereits mitten an der Schwelle zu einer Menge paradoxem Zündstoff.

Betrachtet man z.B. die Geburtenfolge bei vier Kindern (Junge = J, Mädchen = M), halten viele die Wahrscheinlichkeit des Eintretens von (JJJJ) unwahrscheinlicher als das Eintreten von (MJMJ) oder (JMJM), wobei aber alle Ergebnisse gleich wahrscheinlich sind. Da sowohl ein Junge J als auch ein Mädchen M mit der Wahrscheinlichkeit P(J) = P(M) = ½ geboren werden, beläuft sich die Wahrscheinlichkeit des Eintretens aller drei aufgeführten möglichen Ergebnisse entsprechend der 1.Pfadregel auf $(\frac{1}{2})^4$ = 1/16. Für viele ist das schon schwer einsehbar.

Ein sehr interessante Frage zum Bereich Geburten wirft Gero von Randow auf: „In einer Stadt gibt es zwei Krankenhäuser. Im größeren Krankenhaus werden täglich etwa 45 Babys geboren, im kleineren rund 15. Sie können davon ausgehen, dass ungefähr 50 Prozent aller Babys Jungen sind. Freilich variiert der genaue Prozentsatz von Tag zu Tag. Manchmal liegt er über, manchmal unter 50 Prozent. Ein Jahr lang notierte man in jedem der beiden Krankenhäuser die Tage, an denen mehr als 60 Prozent der Neugeborenen Jungen waren. Was meinen Sie, welches Krankenhaus notierte mehr solcher Tage?" (Gero von Randow, 1999, siehe Seite 69f.: 3) – Nach einer statistischen Untersuchung tippten nach Randow 21 Befragte auf das große, 21 auf das kleine Krankenhaus und 53 Befragte meinten, in beiden müssten gleich viele Tage notiert worden sein. Damit haben also 74 von 95 Befragten, also mehr als drei Viertel aller Versuchspersonen nicht erkannt, um welches mathematische Gesetz es sich handelte.

Nach dem Gesetz der großen Zahlen gilt nämlich folgendes: „Die relative Häufigkeit h_n unterscheidet sich bei n Beobachtungen für das Ereignis E für hinreichend große n mit einer Wahrscheinlichkeit, die beliebig nahe an 1 liegt, dem Betrag nach um weniger als ε von der Wahrscheinlichkeit p für den Eintritt des Ereignisses." (nach W. Gellert u. a., 1967, siehe Seite 658: 15)

Besonders für kleine Stichprobenumfänge verhält es sich umgekehrt: Hier können noch zum Teil beträchtliche Differenzen zwischen Wahrscheinlichkeit für den Eintritt eines Ereignisses E und der tatsächlich gemessenen relativen Eintrittshäufigkeit h_n auftreten. Diesen Sachverhalt bezeichnet man auch als Gesetz der kleinen Zahl. Also ist die Chance für das Auftreten einer Quote von mehr als 60 Prozent Jungengeburten am Tag im kleineren Krankenhaus deutlich höher als im vergleichsweise größeren Krankenhaus mit der dreifachen Geburtenanzahl.

Ganz eng an diesen Sachverhalt angelehnt ist auch das Prinzip von Zufallswegen.

(aus: Benno Grabinger, 1997, siehe Seite 31: 12)

Anhand von fächerübergreifenden Sachverhalten wie der Frage von Molekülbewegungen in der Chemie und Physik kann dieses Problem im Unterricht eine Rolle spielen und eine Vorstellung des neuen Begriffs Zufall schaffen. Wenn sich demnach ein Molekül mit gleicher Wahrscheinlichkeit jede Millisekunde nach rechts oder links bewegt, wird es sich mit zunehmender Dauer immer mal ein Stück weiter vom Mittelpunkt 0 entfernen, auch wenn es nach endlicher Zeit immer wieder zum Mittelpunkt 0 zurückkehren wird. Das soll heißen, dass sich ein Molekül zwar sehr wohl um den Mittelpunkt 0 hin und her bewegen wird, aber der Abstand zum Punkt 0 mit der Anzahl der Bewegungen auch zunehmen kann. Es werden also immer neue Maxima und Minima im Zahlbereich der ganzen Zahlen erreicht, wobei das Molekül immer wieder in unregelmäßigen Abstand zum Mittelpunkt 0 zurückkehrt.

Nun zum eigentlichen Geburtenparadoxon: Eine Familie hat eine Vierlingsgeburt. Beide Eltern wollen vor der Geburt nicht wissen, wie viele Jungs und wie viele Mädchen sie bekommen werden. Trotzdem überlegen die Eltern, welche Geschlechterverteilung die besten Chancen hat. Beide nehmen an, es werde wohl die Möglichkeit zweier Jungen und zweier Mädchen sein. Haben die beiden Recht oder gibt es eine wahrscheinlichere Verteilung? (nach Martin Gardner, 1985, siehe Seiten 90ff.: 14)

Die beiden irren sich. Das paradoxe Phänomen lässt sich einfach aufklären: Es genügt, sich dazu die Ergebnismenge Ω der Vierlingsgeburt anzusehen:

$\Omega =$ {(JJJJ), (JJJM), (JJMJ), (JMJJ), (MJJJ), (JJMM), (JMJM), (JMMJ), (MJMJ), (MJJM), (MMJJ), (MMMJ), (MMJM), (MJMM), (JMMM), (MMMM) }.

Zählt man die Fälle, in denen zwei Mädchen und zwei Jungen geboren werden, und vergleicht diese Zahl mit den Fällen für eine 3:1 Verteilung (drei Mädchen, ein Junge *oder* drei Jungen und ein Mädchen), hat man die Lösung gefunden. Denn der Anzahl 6 der 2:2 Verteilung steht achtmal eine 3:1 Verteilung gegenüber. Damit ist eine 3:1 Verteilung mit P(3:1) = 8/16 = ½ = 50% wahrscheinlicher als eine 2:2 Verteilung mit P (2:2) = 6/16 = 3/8 = 37,5%. Einfach nachvollziehbar, aber schwer zu glauben. Wieder einmal überstrahlt die Faszination eines stochastischen Paradoxons die Mühe den vermeintlichen Irrglauben schnell und einfach auflösen zu können.

Selbiges Phänomen kann auch bei einer Sechslingsgeburt beobachtet werden, hier ist die 4:2 Verteilung häufiger als die 3:3 Verteilung. Ein Bridge-Spiel kann diesen Sachverhalt gut demonstrieren: Beim Bridge-Spiel, in dem immer zwei Spieler ein Team bilden, befinden sich unter den 26Karten des Teams (jeder der beiden Mitspieler hat 13Karten) genau sechs Trümpfe. Dann hat die Verteilung der Trümpfe die höchste Wahrscheinlichkeit, bei der vier Trümpfe in der Hand des einen Spielers, zwei in der Hand des anderen Partners sind. Ganz im Gegensatz dazu verhält es sich aber bei 20 Spielkarten und der Verteilung von zwei Trümpfen, hier ist auf einmal eine 1:1 Verteilung wahrscheinlicher als eine 2:0 oder 0:2 Verteilung. (Gabor J. Székely, 1990, siehe Seite 26ff.: 4)

Die paradoxen Phänomene können über die Berechnung der unterschiedlichen Wahrscheinlichkeiten geklärt werden: Die Chance eine 3:3 Verteilung der Trümpfe zu erhalten, berechnet man über:

$$P(3:3) = \frac{\binom{6}{3}\binom{20}{10}}{\binom{26}{13}} = \frac{286}{805}.$$

In derselben Art und Weise erhält man für die Verteilungen 4:2 und 2:4 folgendes Ergebnis:

$$P(2:4) + P(4:2) = \frac{\binom{6}{2}\binom{20}{11}}{\binom{26}{13}} + \frac{\binom{6}{4}\binom{20}{9}}{\binom{26}{13}} = \frac{78}{161}.$$

Damit ist gezeigt, dass die Summe aus P(4:2) und P(2:4) wahrscheinlicher als P(3:3) ist.

Sind nun nur noch 22 Karten im Spiel, darunter zwei Trümpfe, ist eine 1:1 Verteilung der Trümpfe aber wahrscheinlicher. Grund dafür sind folgende einsichtige Berechnungen:

$$P(1:1) = \frac{\binom{2}{1}\binom{20}{10}}{\binom{22}{11}} = \frac{11}{21}.$$

Ein Verhältnis 0:2 oder 2:0 besitzt dagegen nur folgende kleinere Wahrscheinlichkeit 10/21:

$$P(2:0) + P(0:2) = \frac{\binom{2}{2}\binom{20}{9}}{\binom{22}{11}} + \frac{\binom{2}{0}\binom{20}{11}}{\binom{22}{11}} = \frac{10}{21}.$$

Der Fülle von paradoxen Phänomenen ist in diesem Bereich nur schwer Herr zu werden, umso mehr Möglichkeiten bieten sich daher aber auch, sie einzusetzen. Ein letztes Paradoxon, dem in diesem Abschnitt Aufmerksamkeit geschenkt werden soll, ist folgender Sachverhalt:

Ein Mann sagt, er habe zwei Kinder, darunter sei auch ein Junge. Wir groß ist dann die Wahrscheinlichkeit, dass das andere Kind auch ein Junge ist? (sinngemäß wieder gegeben nach Vorlesungsaufzeichnungen „Paradoxien im Mathematikunterricht" im Sommersemester 2004 unter dem Namen „Papageienproblem": 9) Vernünftigerweise wird man die Wahrscheinlichkeit für ½ halten, schließlich werden Jungen und Mädchen gleichwahrscheinlich geboren, aber das Problem entstammt den bedingten Wahrscheinlichkeiten. Ist nämlich eines der beiden Kinder ein Junge, hat das auch Einfluss auf das andere Kind:

Denn mit der Aussage, ein Kind sei ein Junge existieren für die Verteilung der Geschlechter nur noch 3 statt 4 Möglichkeiten:

$$\Omega = \{(JJ), (MJ), (JM)\}.$$

Damit ergibt sich für die Wahrscheinlichkeit, eines weiteren Jungen $P(JJ) = 1/3$, und das heißt die Wahrscheinlichkeit, dass das andere Kind ein Mädchen ist, liegt höher (= 1-1/3 = 2/3).

4.4 Paradoxien mit Würfeln

Ein weltweit zu großer Bekanntheit gelangtes Paradoxon des Würfelspiels geht auf Chevalier de Méré zurück, dessen große Leidenschaft das Glücksspiel war.

Das Paradoxon von de Méré ist auch in vielen stochastischen Lehrbüchern aufgegriffen, so unter anderem im Buch „Wahrscheinlichkeitsrechnung und Statistik" von Althoff: „Beim Wurf mit einem idealen Würfel lohnt es sich, darauf zu wetten, dass spätestens zum 4. Wurf das Ereignis »Zahl 6« eingetreten ist, während es sich nicht lohnt, darauf zu wetten, dass sich beim gleichzeitigen Wurf mit zwei idealen Würfeln bis spätestens zum 24. Wurf ein »Sechserpasch« einstellt." (Heinz Althoff, 1992, siehe Seite 56: 16)

Das ist insofern überraschend, da ja die Chance, eine Sechs zu erhalten, sechsmal so groß ist, wie die Chance, einen doppelten Sechser zu erhalten, und 24 ja genau sechsmal 4 ist. Zu erklären ist das Paradoxon so: Bei einem idealen Würfel wirft man im Schnitt aller sechs Würfe eine Sechs. Führt man also z.B. n Würfe aus, so ist die Anzahl der möglichen und gleichwahrscheinlichen Ergebnisse 6^n. Dabei kommt in 5^n Fällen keine Sechs vor, womit sich die Wahrscheinlichkeit, in n Würfen mindestens einmal eine Sechs zu werfen durch:

$$\frac{6^n - 5^n}{6^n} = 1 - \left(\frac{5}{6}\right)^n$$

berechnen lässt. (nach Gabor J. Székely, 1990, siehe Seite 15: 4) Schon für n = 4 ergibt sich so ein größerer Wert als 0,5 und damit eine Wahrscheinlichkeit von mehr als 50%, die das Eingehen der weiter oben beschriebenen Wette aus stochastischer Sicht sinnvoll macht.

Ähnlich argumentieren kann man für den zweiten Fall. Da sich für das Werfen mit zwei idealen Würfeln 36 mögliche Ergebnisse einstellen und nur in einem dieser 36 Fälle ein Sechserpasch auftritt, berechnet sich die Wahrscheinlichkeit für das Eintreffen eines Sechserpasches gleichermaßen:

$$1 - \left(\frac{35}{36}\right)^n.$$

Setzt man für n nun den Wert 24 ein, ergibt sich ein Wert, der ein wenig kleiner als 0,5 ist. Auf einen Sechserpasch zu wetten, lohnt sich erst ab n = 25 Würfen, da der Wert dann über 0,5, also größer als 50% steigt.

Spiele mit Würfeln, dem ältesten Glücksspiel der Welt, bieten einen ungeheuren Reichtum an paradoxen Phänomenen. Hier ein weiteres Beispiel in der Version von Gabor J. Székely: „Wieso kommt es, dass man bei zwei Würfeln häufiger die Augensumme 9 statt 10 erhält, bei drei Würfen dagegen aber häufiger die Augensumme 10 als 9 auftritt?" (nach Gabor J. Székely, 1990, siehe Seite 12: 4)

Man mag schnell denken, dies wird daran liegen, dass die Augensummen 9 und 10 auf unterschiedlich viele verschiedene Arten erhalten werden können, aber dies ist nicht richtig. Denn bei zwei Würfeln kann man sowohl die 9 als auch die 10 auf gleich viele, in diesem Fall zwei verschiedene Arten erhalten:

9   = 4+5 = 3+6   bzw.
10   = 6+4 = 5+5.

Und bei drei Würfeln kann man jede der Zahlen 9 und 10 auf jeweils auf gleich viele, nämlich sechs verschiedene Arten erhalten:

9   = 1+2+6 = 2+2+5 = 2+3+4 = 3+3+3 = 1+4+4 = 1+3+5   bzw.
10   = 1+3+6 = 1+4+5 = 2+2+6 = 2+3+5 = 3+3+4 = 2+4+4.

Das Paradoxon kann aber trotzdem ganz einfach aufgelöst werden: Auch die Reihenfolge der Würfelaugen muss Berücksichtigung finden und beim Wurf mit zwei Würfeln ergeben sich damit für das Werfen der Augensumme 9 vier mögliche Fälle, für die Augensumme 10 nur drei:

9   = 4+5 = 5+4 = 6+3 = 3+6   bzw.
10   = 6+4 = 4+6 = 5+5.

Ganz anders sieht es dagegen beim Wurf mit drei Würfeln aus, hier lassen sich für die Augensumme zehn 26 mögliche Fälle finden, für die Augensumme neun nur 25 Fälle, die man sich bei Interesse leicht selbst auflisten kann.

Besondere Aufmerksamkeit soll an dieser Stelle dem Paradoxon „Die Würfelschlange" zuteil werden:

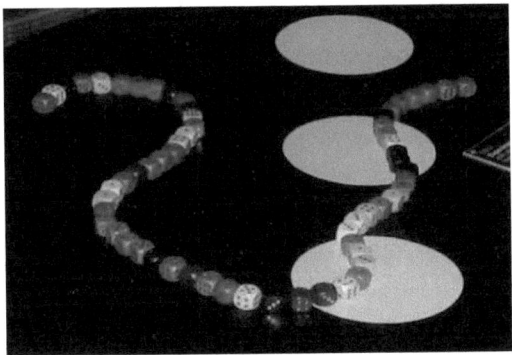

(aus: Hygienemuseum, Sonderausstellung Spielen, Februar bis Oktober 2005)

Diese verblüffende Simulation des Zufalls ist zurzeit eines der wichtigsten Exponate des Glücksspielraumes des Deutschen Hygienemuseums in Dresden im Rahmen der Sonderausstellung „Spielen" von Februar bis Oktober 2005.

Zu diesem Experiment braucht man viele Würfel, in etwa 60, aber auch mit 36 Holzwürfeln in verschiedenen Farben lässt sich das Paradoxon schon gut simulieren. Man würfelt mit allen Würfeln und bildet dann mit den zufällig erhaltenen Würfelaugen eine Würfelschlange. Nun beginnt man auf einer Seite der Schlange zu zählen und zwar derart, dass man als erstes die Augenzahl des ersten Würfels liest und genau um so viele Würfel weiterzählt. Wenn der erste Würfel also eine 5 zeigt, zählt man um 5 Würfel weiter. Die neue Augenzahl des Würfels, auf dem man landet, in unserem Fall also die des 6. Würfels, wird wieder gelesen und auch hier um genau so viele Würfel weitergezählt. Dies macht man nun immerfort und landet irgendwann am anderen Ende der Würfelschlange. Wahrscheinlich wird man nicht genau deren Ende erreichen, sondern vielleicht beim vorletzten Würfel eine 4 vorfinden, die man nicht mehr auszählen kann, da die Würfelschlange in unserem Fall nur noch einen Würfel am Ende hat. Deswegen nimmt man diesen Würfel vom anderen Ende der Schlange weg und würfelt im Anschluss mit dem allerersten Würfel neu. Der Würfel sollte also nicht wieder eine 5 zeigen, sondern irgendeine andere Zahl, sagen wir eine 2. Jetzt wiederholt man das Experiment noch ein weiteres Mal mit denselben Regeln. Man wird also zuerst zwei Würfel vorwärts zählen, dann die Augenzahl des dritten Würfels abzählen usw. Das Paradoxe hieran:

43

Man wird wieder, obwohl man mit dem ersten Würfel neu gewürfelt hat, am selben Würfel ankommen, der am anderen Ende der Würfelschlange vorhin schon das Ende bildete.

Die Erklärung dieses Sachverhalts ist ziemlich trivial: Man stellt sich die Würfel, auf denen man beim ersten Mal gelandet ist, markiert vor. Diese Würfel ergeben einen „Würfelpfad". Der Zufall will es, dass man auch beim zweiten Mal Abzählen irgendwann einmal auf einen markierten Würfel des Würfelpfades gelangt und man damit die Würfelschlange von da an genau wie beim ersten Mal beendet. Denn wenn man einmal auf einem markierten Würfel landet, bleibt man immer auf diesem Pfad. Das heißt, dass die Wahrscheinlichkeit P_1, wieder beim letzten Würfel der Schlange zu landen gleich der Wahrscheinlichkeit P_2 ist, im Verlauf des Zählens irgendwann einmal auf einem markierten Würfel zu landen. Wir bestimmen die gesuchte Wahrscheinlichkeit über die Gegenwahrscheinlichkeit.

Da unter den ersten sechs Würfeln der Schlange mindestens einer markiert ist, ist die Wahrscheinlichkeit im ersten Schritt keinen markierten Würfel zu treffen, höchstens 5/6. Auch bei den weiteren Schritten ist nun die Wahrscheinlichkeit, keinen markierten zu treffen, höchstens 5/6. Damit ergibt sich die Wahrscheinlichkeit, bei n Schritten keinen markierten Würfel zu treffen als höchstens $(5/6)^n$. Für n = 10 (60 Würfel) liegt die Wahrscheinlichkeit, keinen markierten Würfel getroffen zu haben, schon nur noch bei höchstens 16,2%. Damit landet man in rund 84% aller Fälle beim selben letzten Würfel. Aber auch schon bei 36 Würfeln (n = 6) liegt die Wahrscheinlichkeit, am Ende wieder beim selben Würfel zu landen, schon bei:

$$1-(\frac{5}{6})^6 = 1-0,334 = 0665 = 66,5\%.$$

In zwei von drei Fällen lande ich also wieder beim selben letzten Würfel.

Ein letzter paradoxer Sachverhalt zum Thema Würfeln, auf den an dieser Stelle eingegangen werden soll, ist das Spiel „Der Zweite ist immer der Erste".

Hinter diesem etwas allgemeinen Namen verbirgt sich folgendes:

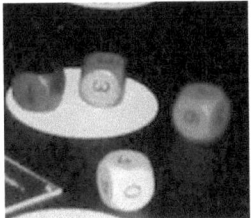

(aus: Hygienemuseum, Sonderausstellung Spielen, Februar bis Oktober 2005)

Auf dem Tisch liegen vier Würfel, deren Seiten wie folgt beschriftet sind:

1. Würfel: $4 - 0 - 4 - 4 - 0 - 4$,
2. Würfel: $5 - 1 - 5 - 1 - 5 - 1$,
3. Würfel: $2 - 6 - 2 - 2 - 6 - 2$,
4. Würfel: $3 - 3 - 3 - 3 - 3 - 3$.

Der Name des Spiels leitet sich von folgendem Spielhergang ab: Sucht sich nun „der Erste"
einen beliebigen Würfel heraus, der die vermeintlich die höchsten Augenzahlen wirft, hat „der
Zweite", unabhängig von der Wahl des ersten Spielers, immer die Möglichkeit, einen Würfel
zu wählen, der rein statistisch gesehen den anderen Würfel schlagen müsste. Wie ist das
möglich?

Um die Gewinnchancen dieser so genannten Efronschen Würfel zu bestimmen, ist es sinnvoll,
die entsprechenden Baumdiagramme zu betrachten:

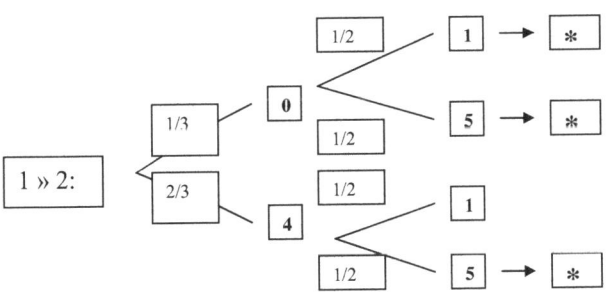

Würfel 2 mit den drei Einsen und drei Fünfen gewinnt in den mit Sternchen gekennzeichneten Fällen gegen den Würfel 1 mit den zwei Nullen und vier Vieren. Die Wahrscheinlichkeit, dass Würfel zwei gegen Würfel eins gewinnt ist nach Anwendung der Pfadregeln demnach:

$$P(\text{"2.besiegt1Würfel"}) = \frac{1}{3}*\frac{1}{2} + \frac{1}{3}*\frac{1}{2} + \frac{2}{3}*\frac{1}{2} = \frac{1}{6} + \frac{1}{6} + \frac{1}{3} = \frac{2}{3}.$$

Ähnlich verhält es sich bei den Baumdiagrammen zu Würfel 2 gegen Würfel 3, Würfel 3 gegen Würfel 4 und Würfel 4 gegen Würfel 1:

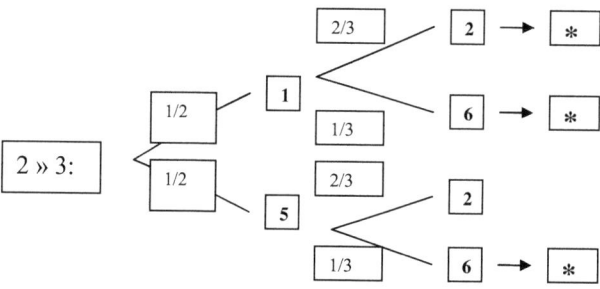

bzw.

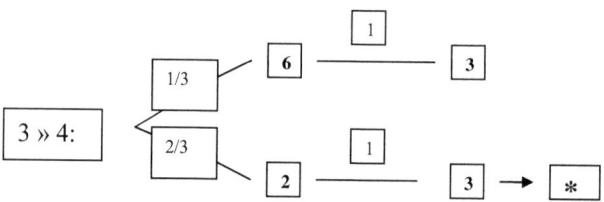

bzw.

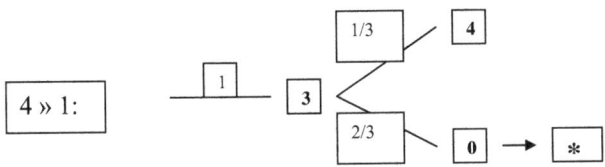

Auch hier gewinnen Würfel 3 gegen Würfel 2 und Würfel 4 gegen Würfel 3 mit einer statistischen Wahrscheinlichkeit von 2/3. Das Paradoxe hieran ist nun, dass der Würfel 1, der statistisch gesehen schlechter als Würfel 2 ist, den Würfel Nummer 4 rein statistisch mit einer Wahrscheinlichkeit von 2/3 besiegen müsste, obwohl Würfel Nummer 4 besser als Würfel 3, und der zumindest noch besser als Würfel 2 ist. Man kann also jeden beliebigen „vom ersten" gewählten Würfel „als zweiter" statistisch besiegen und wird damit gemäß dem Motto des Spiels immer „der Erste" sein.

4.5 (Un)Faire Spiele

In dieser Thematik soll es um paradoxe Spiele gehen, deren Ausgang oder Bewertung man so nicht erwartet. Dabei soll die Frage im Mittelpunkt stehen, ob es sich um gerechte (faire) oder unfaire Spiele handelt. Ein erstes Beispiel:

Zwei Kinder R und Q spielen ein Spiel, bei dem beide gleichzeitig einen oder zwei Finger hochhalten; ist die Gesamtzahl der hochgehaltenen Finger gerade, so zahlt Q an R, ist sie ungerade, so zahlt R an Q; und zwar soviel, wie viele Finger hochgehalten wurden.(nach Gabor J. Székely, 1990, siehe Seite 55f.: 4)
Die Auszahlungsmatrix des Betrages, den Q an R zu zahlen hat, hat demnach folgende Form:

Q / R	ein Finger	zwei Finger
ein Finger	2	− 3
zwei Finger	− 3	4

(aus: Gabor J. Székely, 1990, siehe Seite 55 f.: 4)

47

Obwohl dieses Spiel als gerecht gilt und man dies auch einfach glaubt, weil die Summe der in Tabelle stehenden Zahlen stets 0 ergibt (2 + (-3) + (-3) + 4 = 0), ist das nicht so, sondern bedeutend vorteilhafter für Q.

Falls einer der beiden Spieler R und Q immer dieselbe Strategie wählt, einen oder immer zwei Finger hochzuhalten, wird dies für den anderen Spieler schnell einsichtig und er kann so spielen, dass er immer gewinnt. Daher kann a priori nur eine „gemischte Strategie" von Vorteil sein. Für R ist es die beste Strategie, einen Finger mit der Wahrscheinlichkeit p_1 und zwei Finger mit der Wahrscheinlichkeit p_2 zu wählen. Ebenso ist es für Q günstigsten, einen Finger mit der Wahrscheinlichkeit q_1 und zwei Finger mit der Wahrscheinlichkeit q_2 hochzuhalten. Da die beiden Spieler ihre Wahl unabhängig voneinander treffen, beträgt die durchschnittliche Summe, die Q und R zahlen, wenn beide ihre optimalen Strategien benutzen:

$$V = 2p_1q_1 - 3p_1q_2 - 3p_2q_1 + 4p_2q_2 .$$

Das Spiel wäre dann gerecht, wenn V=0 wäre. Dies ist jedoch nicht der Fall. Man kann zeigen, dass $p_1 = q_1 = 7/12$ und $p_2 = q_2 = 5/12$ ist. In diesem Fall ist dann V = -1/12 und das bedeutet, dass Q im Durchschnitt in jeder Partie 1/12 gewinnt, sogar wenn R seine optimale Strategie befolgt.
Setzt man nämlich in obiger Gleichung $q_1 = 1$ und $q_2 = 0$, dann ist $V = Q_1 = 2p_1 - 3p_2$. Ähnlich ergibt sich für $q_1 = 0$ und $q_2 = 1$ der Gewinn $V = Q_2 = -3p_1 + 4p_2$. Mit diesen Bezeichnungen ist nun $V = q_1Q_1 + q_2Q_2$. Da V der mittlere Verlust von Spieler Q für den Fall ist, dass er seine optimale Strategie befolgt, so gilt $Q_1 \geq V$, und $Q_2 \geq V$, daher auch

$$V = q_1Q_1 + q_2Q_2 \geq q_1V + q_2V = (q_1 + q_2)*V = V.$$

Da aber weder q_1 noch q_2 gleich 0 sein können, folgt aus dieser Ungleichung $V = Q_1 = Q_2$, d.h. $2p_1 - 3p_2 = -3p_1 + 4p_2$. Da $p_1 + p_2 = 1$ ist $p_1 = 7/12$ und $p_2 = 5/12$ und somit auch: $V = -1/12$. Ebenso gilt $2q_1 - 3q_2 = -3q_1 + 4q_2$ (wobei $q_1 + q_2 = 1$), demzufolge ist $q_1 = 7/12$ und $q_2 = 5/12$.
Damit ist das Spiel sicher nicht gerecht, und für beide Spieler ist es daher die optimale Strategie, wenn sie mit der Wahrscheinlichkeit 7/12 einen Finger und mit der Wahrscheinlichkeit 5/12 beide Finger hochhalten.

Ganz eng angelehnt an dieses Spiel ist das „Spiel um den Regenschirm". Das ist ein Matrixspiel, ein Spiel zwischen zwei Personen, die jeweils verschiedene Strategien wählen können. Der Gewinn oder Verlust für jede Kombination gewählter Strategien lässt sich mit Hilfe einer Matrix darstellen. Da hier wie auch beim vorigen Kinderspiel keine Absprachen erlaubt sind, handelt es sich um sog. nichtkooperative Spiele.

Spieler A und B spielen hierbei um einen Regenschirm, der ihnen zunächst gemeinsam gehört und einen Wert von 4 Rubel hat. Jeder setzt verdeckt einen ganzzahligen Betrag zwischen 0 und 5 Rubel. Wer den höheren Betrag gesetzt hat, bekommt den Regenschirm, der andere die Einsätze. Bei gleichen Einsätzen gehen diese an die Spieler zurück und das Spiel wird wiederholt. (Brigitte Frank, 1998, siehe Seiten 376f.: 17)

Schnell wird einsichtig, dass es sich für einen Spieler, der gern den Regenschirm und dessen Wert 4 Rubel gewinnen möchte, nicht lohnen wird, dauernd hohe Beträge zu setzen, da wenn z.B. Spieler A 5 Rubel setzt und sein Gegenspieler 2, er damit zwar den Regenschirm in Höhe von 4 Rubel gewinnt, aber insgesamt der Spieler B die 5 Rubel Einsatz von Spieler A gewinnt und er damit trotz des Verlustes des „halben Regenschirms" in Höhe von 2 Rubel drei Rubel Gewinn macht. Dagegen gewinnt zwar Spieler A den halben Regenschirm, also zwei Rubel, verliert aber seine 5 Rubel, hat also 3 Rubel Verlust. Die Auszahlungsmatrix zeigt die Gewinne von A (=Verluste von B) in Abhängigkeit von der gewählten Strategie (=getätigter Einsatz). In der letzten Spalte stehen die Verluste, die A schlimmstenfalls einstecken muss, in der letzten Zeile die Gewinne, die A bestenfalls erzielt:

B	0	1	2	3	4	5	
A							
0	0	−1	0	1	2	3	−1
1	1	0	0	1	2	3	0
2	0	0	0	1	2	3	0
3	−1	−1	−1	0	2	3	−1
4	−2	−2	−2	−2	0	3	−2
5	−3	−3	−3	−3	−3	0	−3
	1	0	0	1	2	3	

(aus: Brigitte Frank, 1998, siehe Seite 377: 17)

Das Spiel ist ein Nullsummenspiel, da der Gewinn des einen Spielers der Verlust des anderen ist. Unter einem Nullsummenspiel versteht man nämlich ein Spiel, bei dem der Verlust des einen der Gewinn des anderen ist, also niemals beide gleichzeitig verlieren oder gewinnen können. Möchte Spieler A sich vor Verlust schützen, so muss er Strategie 1 oder 2 wählen, dasselbe gilt allerdings auch für Spieler B. Für jeden der beiden würde eine andere Strategie die Gefahr eines Verlustes mit sich bringen. Die Auszahlungsmatrix hat vier Sattelpunkte. Ein solcher Sattelpunkt (i, j) ist dadurch charakterisiert, dass das Maximum der kleinsten Zeilenwerte (letzte Spalte) und das Minimum der größten Spaltenwerte (letzte Zeile) an der Stell (i, j) angenommen werden, insbesondere also gleich sind. Bezeichnet man nun die Einträge der Auszahlungsmatrix mit a_{ij} (i Zeilenindex, j Spaltenindex), so lautet die Sattelpunktbedingung, auch „Minimax-Prinzip" genannt:

$$\max_i \min_j a_{ij} = \max_j \min_i a_{ij}.$$

Das Spiel kann daher wegen seines Charakters als Nullsummenspiel als fair eingestuft werden. Man kann immer nur soviel gewinnen wie der andere verliert oder soviel verlieren, wie der andere gewinnt. Keiner der beiden Spieler hat einen Vorteil.

Unfair wird dieses Spiel aber dann, wenn folgende Abänderung vorgenommen wird: Bei gleichen Einsätzen gehen diese an die Bank, der Regenschirm bleibt aber im gemeinsamen Besitz der Spieler. Das Spiel ist nun kein Nullsummenspiel mehr, da im Fall gleicher Einsätze beide Spieler einen Verlust haben:

B	0	1	2	3	4	5	
A							
0	0	−1	0	1	2	3	−1
1	1	−1	0	1	2	3	−1
2	0	0	−2	1	2	3	−2
3	−1	−1	−1	−3	2	3	−3
4	−2	−2	−2	−2	−4	3	−4
5	−3	−3	−3	−3	−3	−5	−5
	1	0	0	1	2	3	

(aus: Brigitte Frank, 1998, siehe Seite 377: 17)

Es existiert nun kein einziger Sattelpunkt mehr, denn

$$\max_i \min_j a_{ij} = -1,$$

$$\max_j \min_i a_{ij} = 0$$

sind verschieden. Keine Strategie schützt Spieler A vor Verlust; er wird sich für die Strategien 0 oder 1 entscheiden, denn bei jeder anderen sind die möglichen Verluste höher.

Ein weiteres brisantes strategisches Spiel ist das Gefangenendilemma. Der Ausgang des Spiels ist dabei von Entscheidungen abhängig, die die Spieler während des Spiels treffen müssen. Jeder der beiden Mitspieler kennt die Menge der seinem Mitspieler zur Verfügung stehenden Strategien und die fälligen Auszahlungen (Gewinne oder Verluste) bei jedem möglichen Ausgang des Spiels. Ziel dieses Spiels ist es, das Spiel mit einem möglichst geringen Verlust zu überstehen.

Im der Ausgabe des Wissensspeichers Mathematik vom Volk und Wissen Verlag (Brigitte Frank, 1998, siehe Seite 376: 17) ist folgende Version des Gefangenendilemmas festgehalten:

Jim und Joe stehen wegen eines gemeinsam begangenen Bankraubs vor Gericht, haben aber noch nicht ausgesagt. Das Gericht macht jedem der beiden folgendes Angebot:

- wenn Sie leugnen und ihr Komplize ebenfalls leugnet, erhält jeder 3 Jahre Gefängnis;

- wenn Sie leugnen und ihr Komplize gesteht, dann erhalten Sie 25 Jahre und ihr Komplize ein Jahr Gefängnis;

- wenn Sie auspacken und ihr Komplize leugnet, dann erhalten Sie ein Jahr und ihr Komplize 25 Jahre Gefängnis

- wenn Sie und ihr Komplize gestehen, dann erhält jeder 10 Jahre Gefängnis.

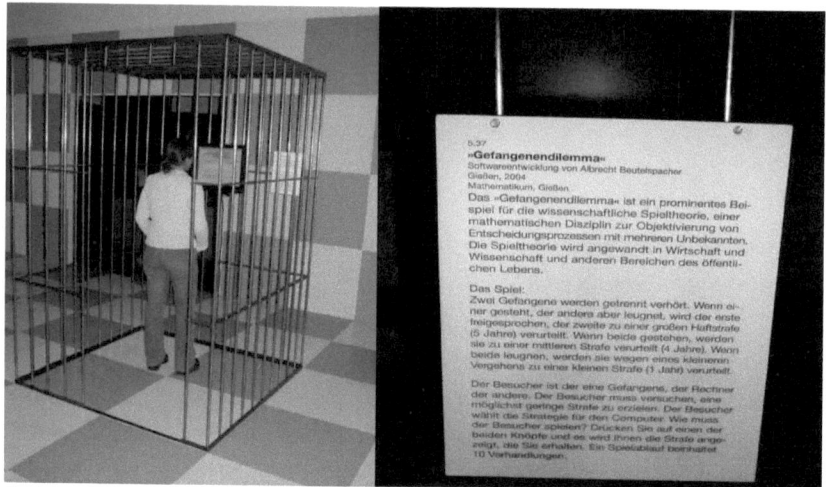

(aus: Hygienemuseum, Sonderausstellung Spielen, Februar bis Oktober 2005 in ähnlicher Version)

Wenn Jim und Joe sich absprechen könnten, würden beide leugnen und gemeinsam drei Jahre absitzen. Da dies aber nicht möglich ist, denkt Jim folgendermaßen:

„Wenn Joe leugnet, dann muss ich auspacken, damit ich nur ein Jahr Gefängnis bekomme. Wenn Joe aber auspackt, dann muss ich auch auspacken, sonst bekomme ich 25 Jahre." Joe denkt natürlich ebenso, sie werden also beide gestehen und so beide 10 Jahre ins Gefängnis kommen.

Das Dilemma besteht darin, dass durch strategisches Vorgehen keineswegs die für beide zusammen günstigste Lösung herauskommt. Bis heute ist aus wissenschaftlicher Sicht keine Lösung dieses paradoxen Sachverhalts gefunden worden.

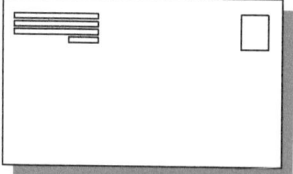

Logisch mathematisch begründet werden kann aber das Paradoxon des „Botenproblems". (nach Gero von Randow, 1999, Seite 28f.: 3) Es geht darum, einen wichtigen Geschäftsbrief abzusenden, sodass der Empfänger diesen am nächsten Tag auch sicher erhält.

Nun gibt es für diesen Job zwei Briefträgerfirmen, von denen eine sehr zuverlässig und teuer, die andere weniger zuverlässig, aber dafür umso billiger ist. Man geht davon aus, dass die

Briefträger der zuverlässigen Firma Z doppelt so zuverlässig, damit auch doppelt so teuer wie die Briefboten der weniger zuverlässigen Firma U sind. Man steht nun vor der Frage, ob man besser den wichtigen Brief an die teure Firma Z oder besser zwei Exemplare des Briefes an die unzuverlässige Botenfirma U geben soll, da man für beide Varianten dieselben Kosten investieren würde.

Man neigt vielleicht dazu, anzunehmen, dass es besser sei, der unzuverlässigeren Firma U den Geschäftsbrief in doppelter Ausführung zu übergeben, dem ist aber nicht so. Man kann das Phänomen mathematisch so begründen:

$$P(Z) = 2 * P(U).$$

Angenommen, die Erfolgswahrscheinlichkeit P_E der ordnungsgemäßen Übergabe des Briefs an den Empfänger beträgt bei der unzuverlässigen Firma $P_E(U) = p$, dann beträgt für die doppelt so zuverlässige Firma Z hingegen die Erfolgswahrscheinlichkeit $P_E(Z) = q = 2p$. Gibt man nun zwei Exemplare des Briefes an die unzuverlässige Firma U, sieht die Ergebnismenge Ω für die beiden Postboten so aus:

$$\Omega = \{(E,E); (E,N); (N,E); (N,E)\},$$

wobei E hierbei erfolgreiche Übermittlung des Briefes heißt, hingegen N für die nicht erfolgreiche Übermittlung steht. In den ersten drei Fällen kommt wenigstens ein Exemplar erfolgreich beim Empfänger an, was für den Gesamterfolg völlig ausreichend ist. Berechnet man die Erfolgswahrscheinlichkeit für U nun, d.h. das wenigstens ein Brief den Empfänger erreicht, so gilt:

$$P_E(U) - 1 \quad P_N(U) = 1 - (1-p)(1-p) = 1 - (1 - 2p + p^2) = 2p - p^2.$$

Vergleicht man nun die Erfolgswahrscheinlichkeiten der beiden Postbotenfirmen miteinander, so ist leicht erkennbar, dass die doppelt so zuverlässige Firma Z den Geschäftsbrief für p>0 mit höherer Wahrscheinlichkeit übermittelt:

$$P_E(U) = 2p - p^2 \le 2p = P_E(Z).$$

Dieses auf den ersten Blick verwirrende Paradoxon kann aufgrund seiner Einfachheit also schon in der Sekundarstufe I in den Unterricht eingebracht werden, da zu seiner Auflösung lediglich die Begriffe Ereignis, Gegenereignis, Ergebnismenge Ω etc. sowie die das Beherrschen der Pfadregeln benötigt werden.

Auch wenn das Botenproblem sich nur am Rande in das Kapitel (Un)Faire Spiele einordnen lässt, zeigt es den paradoxen Charakter von Situationen des täglichen Lebens und wurde auf Grund seiner Anschaulichkeit und Einfachheit hier mit angeführt.

Ein letztes Paradoxon, das an dieser Stelle betrachtet werden soll, befasst sich mit dem fairen Ausgang eines Spiels. Aus dem Jahr 1654 ist ein berühmt gewordener Briefwechsel zwischen den beiden berühmten Mathematikern Pascal und Fermat teilweise erhalten, in dem sie Probleme aus dem Bereich der Glücksspiele zum ersten Mal systematisch untersuchten. Deshalb wird das Jahr 1654 oft als „Geburtsstunde" der modernen Wahrscheinlichkeitsrechnung bezeichnet. Eines dieser Probleme war das folgende sog. Aufteilungsproblem („problème des partis"), welches Pascal von Chevalier de Mèrè vorgelegt wurde:

Zwei Spieler A und B vereinbaren dabei folgendes Spiel: Fällt beim Werfen einer Münze Zahl, erhält A einen Punkt, andernfalls B. Wer zuerst fünf Punkte verzeichnen kann, hat gewonnen und erhält den gesamten Einsatz. Angenommen, die Spieler müssen (aus welchem Grund auch immer) das Spiel zu einem Zeitpunkt abbrechen, wo A zwei, B schon vier Punkte besitzt. Wie sollte zu diesem Zeitpunkt der Gesamteinsatz gerecht aufgeteilt werden? (sinngemäß nach August Schmid, 1988, siehe Seite 28: 18)

Intuitiv nimmt man an, eine gerechte Aufteilung wäre im Verhältnis 2:4 vorzunehmen, da Spieler B ja schon viermal, Spieler A erst zwei Mal gewonnen hat. Doch damit würde man Spieler B erheblich benachteiligen. Grund dafür sind die Wahrscheinlichkeiten, mit denen Spieler A oder Spieler B das Spiel letztendlich gewinnen würden, wenn das Spiel nicht abgebrochen worden wäre. Anschaulich wird der Sachverhalt anhand eines Baumdiagramms:

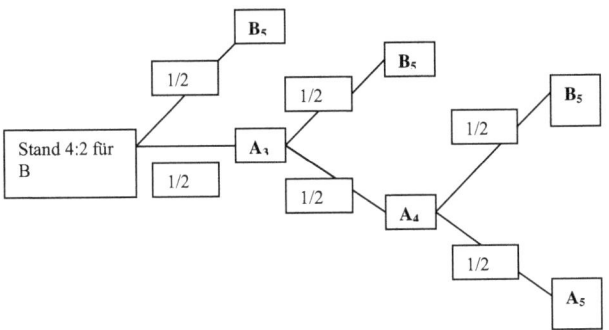

Die Wahrscheinlichkeit, dass A das Spiel also ohne Abbruch mit den dafür nötigen fünf Punkten gewonnen hätte (**A$_5$**), beträgt nur:

$$P(A_5) = 1/2 * 1/2 * 1/2 = (1/2)^3 = 1/8.$$

Damit stehen also Spieler B zum Zeitpunkt des Abbruchs 7/8 des Gesamteinsatzes, und Spieler A nur 1/8 des Einsatzes zu. Mit Hilfe eines Baumdiagramms lässt sich also für jeden beliebigen Spielstand, selbst bei nichtidealen Münzen- oder Würfelspielen, die Aufteilung des Gesamtgewinns berechnen. Auch hier liegt der Reiz darin, dass mit elementaren Mitteln der Sachverhalt bereits in niederen Klassen anschaulich verständlich gemacht werden kann.

Wie genau dieses Einbringen von Paradoxien in den Schulunterricht funktionieren kann, soll im folgenden Kapitel 5 detailliert unter die Lupe genommen werden.

5. Paradoxien im Unterricht - Eine didaktische Aufbereitung für die verschiedenen Klassenstufen

5.1 Prinzipien eines modernen Mathematikunterrichts

In diesem Kapitel sollen nun Konzepte und Methoden für die sinnvolle Verwendung von Paradoxien in ausgewählten Unterrichtseinheiten analysiert werden. Zuvor scheint es allerdings sinnvoll, den aktuellen Kenntnisstand der Debatte um einen besseren, zukunftsorientierten und innovativen Mathematikunterricht zu skizzieren.

Dazu schreibt Stephan Hußmann folgendes: „Mathematikunterricht darf so etwas sein, wie selbstgenügsame Beschäftigung mit Mathematik: Schule als ein Ort der Muße." (Stephan Hußmann, 2003, siehe Seite 6 ff.: 19) Er schränkt zwar ein, dass das vielleicht etwas übertrieben ist, da Schule nicht freiwillig ist, aber wagt trotzdem eine kühne These: Unterrichtsqualität verbessere sich seiner Meinung nach nicht durch die oft problematisierte Steigerung der Fachkompetenz des Lehrers, sondern er sieht es als viel bedeutsamer an, der Freude auf den Unterricht und der Befriedigung im Unterricht sowohl für den Lehrer als auch für die Schüler mehr Gewicht zu schenken. Das Einbringen neuer Medien wie Graphikfähiger Taschenrechner und Computer-Algebra-System, Prozesse des Selbstlernens und von den Lernenden selbst gestaltete Forschungshefte zur Dokumentation ihres eigenen Lernprozesses stehen im Vordergrund:

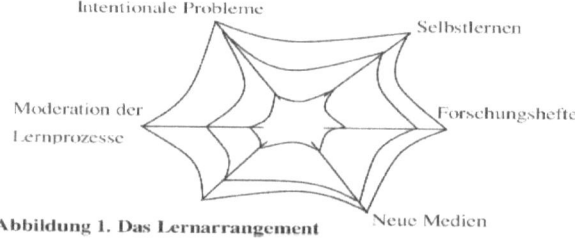

Abbildung 1. Das Lernarrangement

(aus: Stephan Hußmann, 2003, siehe Seite 8: 19)

Stephan Hußmann schlägt dazu vor, dass ein Ausgangspunkt solch eines Unterrichts- bzw. Lernarrangements Intentionale Probleme sein müssen. Darunter versteht er offene Problemsituationen, die den Zugang zu einem Themengebiet weit öffnen und so weit in das Thema tragen sollen. Die zur Problemlösung nötigen Begriffe und Verfahren werden von den Schülern selbständig entwickelt. Dabei sind die Probleme so konzipiert, dass sie die Entdeckung bzw. Erfindung der grundlegenden Begriffe eines Themenbereiches erforderlich machen. Dazu sieht er es als notwendig an, erworbene Kenntnisse aus anderen Bereichen zu aktivieren, und damit einmal vom Schüler selbst erworbenes Wissen systematisch vernetzt und auf lange Sicht aktiv zu halten. Der Lernende steuert sein Arbeiten also selber, die Schüler verteilen Aufgaben in Arbeitsgruppen, knobeln an eigenen Fragestellungen, freuen sich über Aha-Erlebnisse und kämpfen wie im täglichen Leben mit kognitiven, emotionalen und sozialen Hürden im Arbeits- und Forschungsprozess. (sinngemäß nach Stephan Hußmann, 2003, siehe Seite 6 ff.: 19) Das Prinzip lehnt sich auch sehr eng an das, was Wissenschaftler für einen erfolgreichen, vergessensresistenten Lernprozess seit Jahrzehnten predigen und Konfuzius schon vor rund 2500 Jahren wusste:

Ich höre und ich vergesse,
Ich sehe und ich erinnere mich,
Ich tue und ich verstehe.
(Konfuzius ca. 500 v. Chr.)

(aus: Stephan Hußmann, 2003, siehe Seite 10: 19)

Ein Lernprozess wird demnach dann besonders effektiv gestaltet, wenn die Lernenden nicht nur passive Aufnahmeobjekte sind, sondern selbst in die Rolle von aktiven, wissensdurstigen Handelnssubjekten schlüpfen können.

Der Lehrer übernimmt in diesem von Hußmann vorgestellten Lehr-Lern-Prozess die im allgemein didaktischen Ansatz des Konstruktivismus vorgesehene Unterstützer- und Moderatorfunktion ein. Zusammengefasst sieht die langfristige Zielsetzung eines guten Mathematikunterrichts nach Hußmann in der folgenden Grafik ein möglichst rasches und weites Bewegen in die positive Richtung der Abszissenachse vor, die immer mehr Kompetenzen der Lernenden vereint:

Abbildung 2. Drei Stufen von Selbststeuerung

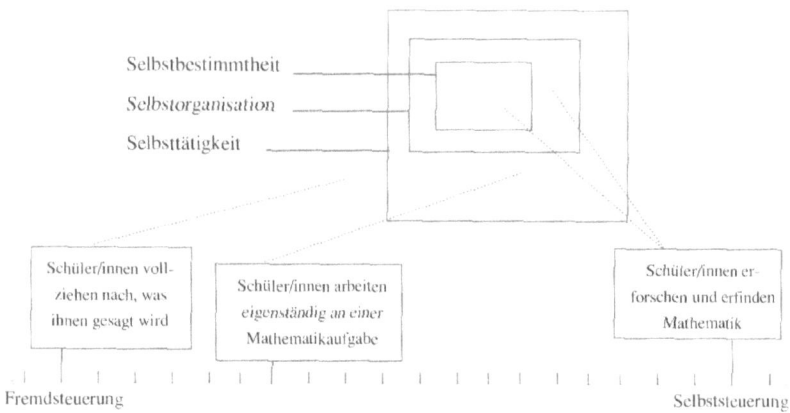

Selbstbestimmtheit

Selbstorganisation

Selbsttätigkeit

| Schüler/innen vollziehen nach, was ihnen gesagt wird | Schüler/innen arbeiten eigenständig an einer Mathematikaufgabe | Schüler/innen erforschen und erfinden Mathematik |

Fremdsteuerung   Selbststeuerung

(aus: Stephan Hußmann, 2003, siehe Seite 16: 19)

Schlagworte wie die eines „anwendungsorientierten Mathematikunterrichts" (u. a. in Gerhard Becker, 1979: 20) haben seit den erschreckenden Ergebnissen Deutschlands bei PISA 2000 und PISA 2003 Hochkonjunktur in Lehrerweiterbildungen und aktueller Literatur zum Thema Mathematikdidaktik. Die Forderung, Mathematik nicht als ein abstraktes, von der Realität isoliertes Wissen im Unterricht zu behandeln, sondern den Schüler sie auch als brauchbares Instrument zur Beschreibung, Erfassung und Darstellung von Sachverhalten und zur Lösung von Problemen aus der uns umgebenden Realität erfahren zu lassen, ist seit jeher ein wichtiges Anliegen des mathematischen Unterrichts.

Und das zu Recht. Kein Schüler soll sich, wie oft geschehen und bemängelt, die Frage stellen müssen: Und wozu brauche ich das jetzt? Was nützt mir das in meinem späteren Leben? – Und kein Lehrer sollte auf diese Frage, wie es leider auch oft geschieht, keine Antwort wissen und nur mit der Floskel, es stehe im Lehrplan, reagieren müssen. Mathematik ist ein wesentlicher Grundstein für die Bewältigung von Aufgaben unseres Alltagslebens und das sollten die Lernenden auch am eigenen Leib spüren. Dafür müssen allerdings wie es Becker schreibt, „vor allem Aufgaben mit Realitätsbezug aufgegriffen und im Unterricht durch eine eigenständige, aktive Bearbeitung durch die Schüler gelöst werden." (Gerhard Becker, 1979, siehe Seite 10: 20)

Werner Gilde und Siegfried Altrichter stehen dieser Sichtweise in nichts nach, legen allerdings ihren Schwerpunkt besonders auf den Umgang mit den neuen Lernmedien. Im Zuge der immer weiter fortschreitenden Technisierung unserer Welt, darf die Mathematik dieser Entwicklung beleibe nicht tatenlos zuschauen, sondern muss selbst alle technischen Möglichkeiten ausschöpfen, um schneller und leichter an Lösungen zu gelangen und selbst umständliche Umformungen und lange Rechenwege einzusparen. Gilde und Altrichter formulieren das so: „Solange die Rechenarbeit im Kopf oder mit Bleistift und Papier durchgeführt werden muss, neigen die meisten Menschen zur Ablehnung. Durch die Entwicklung der Taschenrechner ist hier ein grundsätzlicher Wandel eingetreten. Rechnen ist keine Arbeit mehr, sondern ein Spaß, ein Vergnügen. Der Sinn des Taschenrechners und jetzt auch des programmierbaren Taschenrechners überhaupt, ist, langweilige Arbeit abzunehmen, damit sich der Mensch in der dadurch gewonnenen Zeit schon wieder anderen Problemen zuwenden kann." (Werner Gilde und Siegfried Altrichter, 1978, siehe Seite 5: 21)

Sie plädieren damit für den Einsatz der Technik, die im Unterrichtsprozess zugelassen und mit der die Jugend auch in ihrem Alltag zu tun hat. Anders kann es auch gar nicht möglich sein, denn im Zeitalter von perfekt programmierten Computer- und Videospielen und Taschenrechnern mit Computer-Algebra-System kommt man als Mathematiklehrer nicht umhin, diesen Medien mehr Beachtung zu schenken und Ableitungen und Interpolationen ganz den Taschenrechner erledigen zu lassen. Einem Problem, was sich allerdings mit dieser neuen modernen Entwicklung auftut, ist aber Einhalt zu gebieten: Es darf nie soweit kommen, dass Lernende die elementaren Rechenschritte soweit verlernen, dass Ableitungen, Integrale und selbst einfachste Kopfrechenaufgaben ohne zu Hilfenahme des technischen Partners nicht mehr gelöst werden können. Das wäre dann der Kollaps für den Reiz der mathematischen Welt, daher muss dieser erschreckende Trend schnellstens gestoppt werden.

Einer der führenden Mathematikdidaktiker der letzten Jahrzehnte schlechthin ist George Polya. Mit seinen Werken, die sich nachdrücklich gegen ein starres Gebäude von Axiomen, Begriffen, Theoremen und Folgerungen in der Mathematik richten, hat er weltweit Anerkennung erlangt und ist zu einem Ratgeber der Frage danach, auf welche Art und Weise Mathematik (im Unterricht) betrieben werden sollte, avanciert. Polya äußert sich zum aktuellen Ansehen des Mathematikunterrichts folgendermaßen: „Leider werden die lebendigen Aspekte der Mathematik wie Analogie, Plausibilität und experimentelle Erfahrung im modernen Unterricht oft zurückgedrängt oder ganz verschwiegen. Oft wird die Mathematik in doktrinärer Weise wie ein starres Gebäude von Axiomen und Theoremen dargeboten. Die Begriffe mögen zwar durchaus in didaktisch gekonnter Weise eingeführt und besprochen werden; dies ergibt jedoch keinen Hinweis darauf, dass es auch anders gehen könnte, dass die dargebotene Art der Mathematik oft genug nur den gegenwärtigen beschränkten Erkenntnisstand betrifft, der morgen schon überholt sein könnte. Vielleicht ist dieser Trend verständlich im Hinblick auf die ungeheure Erweiterung der mathematischen Erkenntnis, die sich in unserem Jahrhundert vollzogen hat, im Vergleich zu der nach wie vor begrenzten Zeit, die für den Unterricht zur Verfügung steht. Immer wieder höre ich von Lehrern, dass der Polya ja im Grunde Recht habe, dass aber leider die Zeit nicht zur Verfügung stehe, um seine Grundsätze in der Praxis des Unterrichts zur vollen Wirkung kommen zu lassen. Darin, in der Ergänzung unseres heutigen Mathematikunterrichts durch Aufzeigen anderer Wege zu mathematischer Erkenntnis, darin liegt also der besondere Charakter des heutigen Unterrichts." (Georg Polya, 1995, siehe Seite 2f.: 22)

Polya erkennt also zwei Hauptprobleme: Zum einen den oft problematisierten Zeitmangel des Unterrichts und zum anderen das formelle Lernen der Mathematik, das Eintrichtern von Formeln und Sätzen auf Kosten der Vernachlässigung von Experimenten und Analogie, den schönen Seiten der Mathematik.

Polya geht aber sogar noch ein Stück weiter und bringt es auf den Punkt: „Die Lösung eines großen Problems stellt eine große Entdeckung dar, doch in der Lösung eines jeden Problems steckt etwas von seiner Entdeckung. Deine Aufgabe mag noch so bescheiden sein; wenn sie jedoch dein Interesse weckt, wenn deine Erfindungsgabe angeregt wird und du die Aufgabe aus dir selbst heraus löst, so wirst du die Spannung und den Triumph eines Entdeckers erfahren. Wenn solche Erfahrungen in einem Alter, das für Eindrücke empfänglich ist, gemacht werden, so mag das den Sinn für geistige Arbeit hervorrufen und seinen Stempel auf Geist und Charakter für das ganze Leben einprägen. So hat der Lehrer der Mathematik eine große Chance. Wenn er die ihm zur Verfügung stehende Zeit damit ausfüllt, seine Schüler in eingeübten Verfahren zu drillen, mindert er ihr Interesse und hemmt ihre geistige Entwicklung; dann nutzt er seine Chance schlecht. Aber wenn er den Wissensdrang seiner Schüler weckt, indem er ihnen Aufgaben stellt, die ihren Kenntnissen angepasst sind, und ihnen durch geschickte Fragen hilft, die Aufgaben zu lösen, so wird er den Geschmack an selbständigem Denken in ihnen entwickeln und ihnen Wege dazu aufzeigen." (Georg Polya, 1995, siehe Seite 7: 22)

Damit nimmt er die Lehrer in die Pflicht ihre Philosophie vom Unterrichten der Mathematik zu überdenken und gegebenenfalls den Unterricht neu zu konzipieren. Das ist auch der

Ansatzpunkt, der paradoxen Phänomenen die Tür zu einer Behandlung im Unterricht sperrangelweit aufsperrt. Wo wenn nicht in jener Aussage von Polya steckt die Freude und das Ziel auf (paradoxe) Aufgaben, Phänomene und Herausforderungen der Mathematik zurückzugreifen, die dem Verstehenshorizont der Lernenden angepasst sind, trotzdem ihr Interesse wecken und die wegen ihres Ergebnisses und vielleicht auch der einfachen Lösung wegen verblüffen.

Bringt man die hier in Kurzform skizzierten didaktischen Ansätze auf den Punkt sollte moderner Mathematikunterricht folgende Kriterien erfüllen: Er sollte

- alltagsnah und anwendungsorientiert sein
- offen und herausfordernd sein
- statt eingeübte Algorithmen zu drillen, auf vielseitiges abwechslungsreiches Aufgabenmaterial zurückgreifen
- von den Lernenden statt von Seiten des Lehrers in hohem Maß an Selbsttätigkeit gedacht sein *und*
- moderne und aktuelle Unterrichtsmedien aktiv zur Problemlösung heranziehen.

Diese fünf Prinzipien zu Grunde gelegt, sollen ab jetzt die eigentlichen Fragen des Abschnitts im Mittelpunkt stehen:

Wie kann ein Einsatz von Paradoxien im Mathematikunterricht in sinnvoller Art und Weise erfolgen?
Wie könnten ausgewählte Unterrichtskonzepte ausgewählter Jahrgangsstufen aussehen, in denen Paradoxien verwendet werden?
Welche Verständnisprobleme können bei den Lernenden auftreten?
Wie kann der Lehrer diesen vorbeugen bzw. effizient begegnen?

5.2 Vorschläge zur Einbindung in den Unterrichtsalltag

In diesem Abschnitt sollen also nun konkrete Vorschläge gemacht werden, wie ausgewählte Paradoxien im Unterricht angewendet werden können. Bei einer ausführlichen Recherche in diversen Datenbanken und dem Internet fällt auf, dass, wie bereits erwähnt, bisher kaum

Vorschläge für eine didaktische Einbindung von Paradoxien in den praktischen Schulunterricht existieren. Trotzdem und gerade deswegen soll der Schwerpunkt dieser wissenschaftlichen Arbeit auf diesem Gliederungspunkt liegen. Einige Varianten, Paradoxien in den Unterrichtsprozess einzuflechten, sind bereits in verkürzter Form unter dem Gliederungspunkt 4 angedeutet worden und sollen nun an diesem Punkt vertiefend ergründet werden.

In der Version des gymnasialen Lehrplans des Freistaates Sachsen von 2004 taucht nur ein stochastisches Paradoxon namentlich erwähnt auf: Das Ziegenproblem. (In: Sächsisches Staatsministerium für Kultus, 2004, S.24: 8) Daher sollen zuerst Anwendungsmöglichkeiten für dieses Paradoxon untersucht werden. Bezeichnend für die Behandlung von Paradoxien ist ja oft, dass einige zügig den Kern des Problems erkennen und sich von der Lösung sehr schnell überzeugen lassen, während andere gerade diese Auflösung, diesen Lösungsansatz überhaupt nicht nachvollziehen können. Paradox ist eben nicht gleich paradox, zumindest nicht für alle gleichermaßen. Deswegen muss man sich als Lehrers darüber im Klaren sein, bei der Behandlung von einem paradoxen Sachverhalt sehr schnell einige pfiffige Schüler, die das Paradoxon längst verstanden haben, zu langweilen, während man andere Schüler bis zu diesem Punkt hin mit dem behandelten Paradoxon nur verwirrt hat. Oft erkennen solche Lernende auch den mathematischen Hintergrund des Problems, wollen dann aber die Folge dieser augenscheinlichen mathematischen Lösung doch nicht wahrhaben. Dann ist es Aufgabe des Lehrers eine Aufgabe zu bewältigen, die sowohl auf das Verständnis und Begründen können des Paradoxons als auch auf den effizienten und keinesfalls verschwenderischen Umgang mit der vorhandenen Unterrichtszeit abzielt.

Das Ziegenproblem bietet für diesen Drahtseilakt des Lehrers alle Möglichkeiten. Er kann in Klasse 8 während seiner acht vorgesehenen Stunden Wahlpflicht den Schwerpunkt „Ziegenproblem" behandeln, dort ausführlicher besprechen und evtl. schon simulieren. So sieht es auch eine mögliche Variante des gymnasialen Lehrplans von Sachsen im Wahlpflichtbereich 3 vor. Sinnvoller ist aber wahrscheinlich folgende Variante:

Der Lehrer greift in Klasse 8 das Ziegenproblem auf, in der als stochastische Grundvoraussetzungen der Schüler bis dahin nur die Begriffe Zufallsversuch, Ereignis, Gegenereignis, absolute und relative Häufigkeit bekannt sind, und das Baumdiagramm sowie die beiden daran anwendbaren Pfadregeln als Hauptmethode zum Lösen stochastischer

Sachverhalte gelten. Unter Zuhilfenahme dieser Grundwerkzeuge kann bereits eine anschauliche – wenn auch wahrscheinlich nicht alle gleichermaßen zufrieden stellende – Erklärung des Ziegenparadoxons gegeben werden. Der Lehrer kann also in Klasse 8 das Problem schildern und die Frage, ob man die Tür wechseln solle, die Schüler diskutieren lassen. Sicher werden die meisten der Ansicht sein, dass es egal sei, ob man die Tür wechselt oder nicht. Ziel der Behandlung dieses Ziegenproblems in Klasse 8 kann es daher sein, die Schüler erstmals mit paradoxen Phänomenen zu konfrontieren, damit ihren Blick für derartige Phänomene zu schärfen und sie ihr eigenes, bisheriges erworbenes stochastisches Wissen aus einem anderen Blickwinkel erleben zu lassen. Zudem kann ihnen, anhand des Baumdiagramms, ein einfacher Weg gezeigt werden, wie das komplexe Phänomen „Ziegenproblem" aufgeklärt werden kann. Auf anschauliche Art und Weise wird so der Sachverhalt auf das Wesentliche eingegrenzt und kann durch das elementare Anwenden von Pfadadditions- und Pfadmultiplikationsregel geklärt werden. Damit wird zugleich noch der Unterricht durch das Phänomen belebt, kann so die Lernenden verwundern, begeistern und nachdenklich machen.

Problematisch erscheint aber das Erstellen des Baumdiagramms zu sein, weil es zwei unterschiedliche inhaltliche Ebenen verknüpft, und zwar einerseits die Tür, hinter der sich das Auto befindet und andererseits die Entscheidung des Moderators, die davon abhängt, hinter welcher Tür das Auto steht:

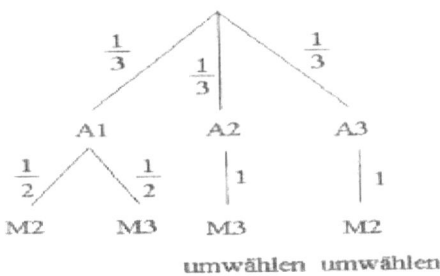

(aus: Benno Grabinger, 1997, siehe Seite 32: 12)

Das bereits bei der Vorstellung des mathematischen Kerns im Gliederungspunkt 4.1 verwendete Baumdiagramm wird daher die Kompetenzen der Schüler der Klasse 8 überfordern und sollte daher gemeinsam mit dem Lehrer erarbeitet werden, womöglich als Lehrer-Schüler-Dialog oder auch durch eine entsprechende Hilfestellung des Lehrers für den

Entwurf des Baumdiagramms durch die Schüler. Zu beachten ist auch, dass für einen sinnvollen Entwurf des obigen oder eines ähnlichen Baumdiagramms vorher festgelegt werden muss, welche Tür der Kandidat immer wählt, in unserem Fall Tür 1. Den Schülern muss dabei klargemacht werden, dass es egal ist, welche Tür der Kandidat im allgemeinen immer vorher wählt, da die Türnummern auch beliebig umnummeriert werden können. Ist das Baumdiagramm erstellt und sind die entsprechenden Wahrscheinlichkeiten an den Pfaden vermerkt, ist es nun ein leichtes, die richtige Lösung zu begründen oder, falls man die Lösung vorher offen gelassen hatte, die Schüler zu verblüffen.

Hält der Lehrer das Behandeln des Ziegenproblems in Klasse 8 für zu problematisch, weil er eine leistungsschwache Klasse hat, und das Baumdiagramm als stochastisches Werkzeug erst vor einigen Wochen neu eingeführt wurde, scheint es auch lohnend, das Ziegenproblem erst in Klasse 10 aufzugreifen, um auf ein vermehrtes Repertoire an stochastischen Lösungsmitteln zurückgreifen zu können. Hier kann dann nämlich sowohl der Weg gegangen werden, das Ziegenproblem über das Baumdiagramm als auch über eine tatsächlich durchgeführte Simulation einiger Dutzend Zufallsversuche zu erklären. Wenn es vonnöten ist, kann also entweder dieser neue Ansatz der Simulation den Lösungsweg mit Hilfe des Baumdiagramms ablösen oder bisher zweifelnde, nicht überzeugte Schüler von der richtigen Lösung überzeugen.

Zur Lösung des Ziegenproblems über die Simulation könnte vom Lehrer die Schulklasse in Zweiergruppen geteilt werden, wobei ein Partner die Funktion des Moderators, und der andere die Funktion des ratenden Kandidaten übernimmt. Zum Beispiel könnte man 3 Plastikbecher, Tassen, Streichholzschachteln oder dergleichen jeder Zweiergruppe zur Verfügung stellen, bzw. diese von daheim mitbringen lassen, und dann das Experiment 25Mal durchführen. Der Moderator versteckt also z.B. einen für den Hauptpreis Auto stehenden Radiergummi oder ein kleines Matchboxauto vom Kandidaten unbemerkt unter einer der drei Plastikbecher. Dann darf der Kandidat wählen.

Bei der einen Hälfte der Gruppen erhält der Kandidat dabei die Anweisung vom Lehrer, immer bei der zuerst gewählten Tür zu bleiben, die Kandidaten der anderen Gruppen die Weisung, immer zu wechseln, nachdem der Moderator einen der beiden anderen, nicht gewählten Pappbecher aufgedeckt hat. Vergleicht man dann beide Ergebnisse der unterschiedlichen Gruppen, müssten demnach die Gruppen, in denen der Kandidat immer wechselt, im Mittel doppelt sooft gewonnen haben, wie die Kandidaten der Gruppen, die bei ihrer Tür bleiben.

Das schöne am mathematischen Paradoxon Ziegenproblem ist, dass man es auch in der Sekundarstufe II noch einmal aufgreifen kann, denn durch den neu eingeführten Satz von Bayes hat der Abiturient nun die Möglichkeit, das Ziegenproblem auf eine dritte Art und Weise kennen- und verstehen zu lernen. Sollte es also Schüler geben, die auch den Ergebnissen der Simulation kein Glauben geschenkt haben, so können sich diese durch die Anwendung des Satzes von Bayes für das Ziegenproblem eines besseren belehren lassen. Vielleicht hält es der Lehrer auch für sinnvoll, das Ziegenproblem erst in der Sekundarstufe II zu behandeln, um dann dort alle Möglichkeiten des Zugangs zum auf den ersten Blick verwirrenden Ergebnis zu besitzen und jetzt erst alle Register zur Erklärung des mathematischen Paradoxons zu ziehen. Natürlich ist es auch denkbar, in der achten Klasse das Ziegenproblem einzuführen, es in Klasse 10 auf andere Art und Weise zu beleuchten und das Ergebnis in Klasse 12 nochmals zu kontrollieren.

So sollten dann nach dem dreimaligen Aufgreifen des Problems, unter stets verschiedenen Blickwinkeln, auch die letzten Zweifler unter den Schülern von der Richtigkeit von Frau Savant's Lösung ausgerottet werden können. Es lässt sich daher festhalten, dass die vielen Facetten der Lösungen des Problems immer wieder aufs Neue in einer Art Rahmenhandlung aufgegriffen werden können. Bei einem Gespräch mit einem Nachhilfeschüler der 12.Klasse am Gymnasium Dresden – Plauen stellte sich heraus, dass vor allem die Simulation, die auch in seinem Grundkurs zur Lösung des Ziegenproblems herangezogen wurde, großes Potential besitzt, auch mathematisch schwächeren Schülern Paradoxien vor Augen zu führen und diese dafür zu begeistern.

Eines neben dem Ziegenproblem am häufigsten in der Schule genutzten stochastischen Paradoxa ist das Geburtstagsparadoxon. Sehr oft wird es in einer die Lernenden besonders herausfordernden Form im Unterricht der Klassenstufe 10 behandelt. Hierbei kann man sich auf die grundlegenden stochastischen Methoden und Begriffe konzentrieren und dabei den Prozess des eigentlichen stochastischen Denkens stärker in den Vordergrund rücken. Ein mögliches Unterrichtskonzept könnte so aussehen:
Der Lehrer geht bei der Behandlung des Geburtstagsproblems eine Wette mit den Schülern ein. Und zwar könnte er wetten, dass von allen an diesem Tag in der Klasse anwesenden Personen mindestens zwei am gleichen Tag Geburtstag haben.

Damit die Wette den Schülern während dieser Phase präsent ist, sollte sie zusätzlich auf einer Folie dargeboten werden. Durch den unmittelbaren Bezug auf die Lerngruppe fühlen sich die Schüler nämlich stärker angesprochen, als durch die in der Literatur oft verbreitete Formulierung: „Wie viele Menschen müssten zusammentreffen, damit man darauf wetten kann (also die Wahrscheinlichkeit größer als 50% ist), dass mindestens zwei davon am gleichen Tag Geburtstag haben?" (u. a. Karl Röttel, 1996, siehe Seite 348 f.: 23)

Das Geburtstagsproblem kann deswegen gut als Wette präsentiert werden, weil es die Schüler sofort zum Nachdenken über den dargebotenen Sachverhalt anregt. Da man als Lehrer gegen den gesamten Kurs wettet, müssen die Schüler miteinander ins Gespräch kommen, ob sie die Wette annehmen. Das Gespräch wird nun darauf hinauslaufen, dass die Wahrscheinlichkeit für das Eintreten des Ereignisses „mindestens zwei Personen haben den gleichen Geburtstag" thematisiert wird.

Lernhaltig für die Schüler bei der späteren Auflösung des Geburtstagsparadoxons wird es dann, wenn die Schüler an dieser Stelle ihre Schätzungen der Wahrscheinlichkeit, dass zumindest zwei Personen der z.B. fünfundzwanzigköpfigen Klasse (inklusive Lehrer) am selben Tag Geburtstag haben, in Form von „Klebepunkten" in einer Tabelle die auf einem Plakat dargestellt ist, eintragen. Durch diese Vorgehensweise wird schnell und übersichtlich die Einschätzung des Sachverhalts von jedem einzelnen Schüler auf einer Skala zwischen 0 (unmögliches Ereignis) und 1 (sicheres Ereignis) dokumentiert. Das Plakat wird bei dem späteren Vergleich mit dem rechnerischen Ergebnis benötigt und kann dann wieder hinzugezogen werden.

Nun ist eine in zwei Stufen aufgeteilte Erarbeitungsphase sinnvoll. Die auf der Skala festgehaltenen Schätzungen werden jetzt rechnerisch überprüft. Die erste Stufe könnte in einem frontal gelenkten Unterrichtsgespräch erfolgen, dessen Inhalt die Mathematisierung des Geburtstagsproblems ist. Es wird geklärt, was zur Berechnung der Wahrscheinlichkeit benötigt wird. Diese Phase erfolgt im Unterrichtsgespräch, damit allen Schülern bereits ein erster Lösungsansatz für die Bearbeitung zur Verfügung steht. Eine Gruppenarbeit erscheint an dieser Stelle wenig sinnvoll, da vermutlich der überwiegende Teil der Schüler der 10.Klasse ohne eine Hilfestellung überfordert wäre.

Gemeinsam mit dem Lehrer greift die Klasse also jetzt auf die Kenntnisse zurück, die sie sich in der letzten Zeit angeeignet hat, und schafft so die Grundlage dafür, das Geburtstagsproblem mathematisch aufklären zu können. Dabei ist die Fragestellung noch einmal genauestens zu analysieren und es sind folgende Überlegungen von Lehrer und Schüler gemeinsam anzustellen:

a) Wie groß ist die Anzahl aller möglichen Geburtstagskombinationen $|\Omega|$ bei n Personen?

$|\Omega| = 365^n$ („Ziehen mit Zurücklegen mit Beachtung der Reihenfolge")

b) In der Frage kommt das Wort „mindestens" vor. Es ist daher sinnvoll, zur Beantwortung der Frage das Gegenereignis $\overline{A}$: „alle Personen haben an verschiedenen Tagen Geburtstag" zu hinzuzuziehen.

$|\overline{A}| = 365 \cdot 364 \cdot 363 \cdot 362 \cdot \ldots \cdot (365 - n + 1)$

(„Ziehen ohne Zurücklegen mit Beachtung der Reihenfolge")

c) Die Wahrscheinlichkeit für keinen gemeinsamen Geburtstag berechnet sich nach Laplace folgendermaßen, wenn vorausgesetzt wird, dass alle Geburtstage gleich verteilt sind und der 29. Februar unberücksichtigt bleibt:

$$P(\overline{A}) = \frac{|\overline{A}|}{|\Omega|}$$

d) Um die Wahrscheinlichkeit für mindestens einen gemeinsamen Geburtstag von zwei Personen zu berechnen, muss die Wahrscheinlichkeit des Gegenereignisses $P(\overline{A})$ von 1 subtrahiert werden.

Im zweiten Teil der Erarbeitungsphase berechnen die Schüler nun die gesuchte Wahrscheinlichkeit. Um zu gewährleisten, dass sich jeder damit befasst, könnte diese Unterrichtsphase in Einzelarbeit stattfinden. Eventuell auftauchende unterstützende Gespräche bzw. mögliche Partnerarbeit sollten dabei nicht unterbinden werden, um schwächeren Schülern die Chance zu geben, Gedankenanstöße zu bekommen und die Aufgabe zumindest teilweise selbständig zu lösen.

Zur Ergebnissicherung sollten die Schüler im Anschluss ihre Lösungen präsentieren. Dies dient nicht nur dazu, dass alle Schüler den Rechenweg nachvollziehen können, sondern ist darüber hinaus sogar notwendig, da den Schülern möglicherweise ihr richtiges Ergebnis (>50% bei angenommenen 25 Personen der Klasse) zu hoch und somit falsch vorkommen wird.

Am Ende der Stunde kann dann die mit Spannung erwartete Wette aufgelöst und überprüft werden, ob nun unter den anwesenden Personen mindestens zwei am gleichen Tag Geburtstag haben. In diesem Rahmen gilt es, das tatsächliche Ergebnis mit den vorher geschätzten Prozentzahlen zu vergleichen und ggf. falsch gemachte Annahmen der Lernenden zu modifizieren.

Im Zusammenhang mit dem Geburtstagsparadoxon scheint es im Anschluss sinnvoll, zu bestimmen (womöglich als Hausaufgabe), ab welcher Personenzahl sich eine Wette auf mindestens einen gemeinsamen Geburtstag lohnt. Auf empirischem Wege könnten so in Heimarbeit die Lernenden die genaue Personenzahl von $n = 23$ ermitteln.

Dieser Weg des aktiven Einbindens eines jeden Schülers, der somit direkten Anteil am Ergebnis hat, motiviert jeden Lernenden natürlich ungemein. Die Klasse kann so aktiv am Unterrichtsgeschehen beteiligt werden und erlebt im Zuge der Vernetzung von kombinatorischen Kenntnissen mit den Pfadregeln und den Berechnungen nach Laplace eine interessante und vertiefende Betrachtung stochastischen Wissens. Trotzdem kann der Effekt des Geburtstagsparadoxons verpuffen, falls der Lehrer seine Wette mit den Schülern trotz einer großen Schülerzahl ($n > 25$) verlieren sollte. Denn dann würden die stochastisch berechneten Wahrscheinlichkeiten nur auf dem Papier eine Wahrscheinlichkeit von mehr als 50% versprechen. An sich lohnt sich der Einsatz dieses Paradoxons ab Klasse 10, weil nicht so sehr das verrückte Ergebnis als vielmehr die einfachen gefundenen Mittel und Wege zur Enttarnung des Paradoxons die Schüler in einer sehr schülerzentrierten Unterrichtsstunde begeistern und den Umgang mit kombinatorischen Formeln und Laplace-Wahrscheinlichkeiten festigen.

Zufallswege und deren Analyse spielen im Unterrichtsgeschehen zumeist eine untergeordnete Rolle. Doch sie drängen sich auf, um einem oft verbreiteten stochastischen Missverständnis vorzubeugen. Kein Schüler sollte nämlich dem folgenden Trugschluss erliegen:

Gemäß dem „Gesetz des großen Zahlen" gilt, dass sich die bei geringen Stichprobenumfängen zum Teil noch beträchtlichen Differenzen zwischen der Wahrscheinlichkeit für den Eintritt eines Ereignisses E und der tatsächlich gemessenen relativen Eintrittshäufigkeit h_n bei einer großen Zahl von durchgeführten Zufallsversuchen verringern, aber es gilt nicht, dass der Unterschied zwischen der Anzahl der z.B. beim 1000maligen Münzwurf geworfenen Wappenseiten und Zahlseiten immer kleiner wird. Ganz im Gegenteil: Die Differenz zwischen dem realen Eintreten der Ereignisse „Wappen" und „Zahl" wird wachsen. Die immer größer werdenden Differenzen fallen bei einer deutlich größeren Stichprobe freilich immer weniger ins Gewicht, da sie im allgemeinen nicht so schnell steigen können, wie sich die relativen Häufigkeiten einer idealen Münze für „Wappen" und „Zahl" dem Wert ½ nähern.

In einer Unterrichtsstunde ist es gut möglich, die Anzahl gewürfelter gerader und ungerader Zahlen oder geworfener Seiten beim Münzwurf zu untersuchen. Dazu kann der Lehrer bereits in einer 8.Klassestufe die Klasse in Zweiergruppen einteilen, innerhalb derer zehn oder zwanzig Mal der Zufallsversuch durchgeführt wird. Die Lernenden erhalten dazu die Aufgaben, die Anzahl und die Reihenfolge geworfener „Wappen" und „Zahlen" zu notieren, und für jede Münzseite „Wappen" auf einem Zahlenstrahl beginnend beim Ausgangspunkt 0 eine Einheit in die negative Richtung, für eine erhaltene „Zahl" eine Einheit in die positive Richtung zu ziehen. Der so konstruierte Zufallsweg kann durch ein Diagramm anschaulich kenntlich gemacht werden, bei dem auf der Abszissenachse die Anzahl n der durchgeführten Zufallsversuche, auf der Ordinate der orthogonale Zahlenstrahl in positive und negative Richtung aufgetragen werden:

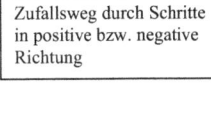

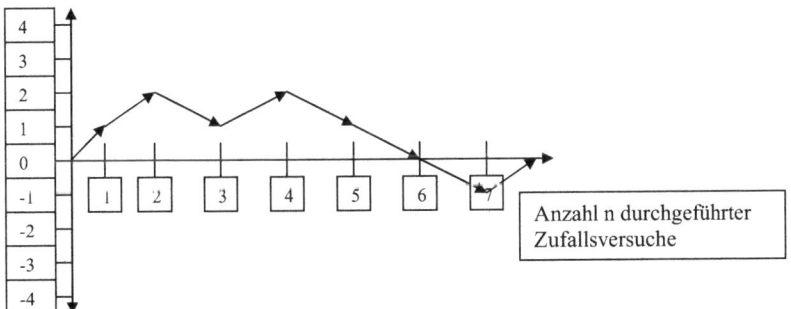

So können dann die Schüler nach Vollzug ihrer Partnerarbeit anschaulich ihren eigen konstruierten Zufallsweg verfolgen und der Lehrer kann auf die einzelnen Ergebnisse gezielt zurückgreifen. Sinnvoll ist es, anhand des Diagramms zuerst aufzuzeigen, dass wohl kein Zufallsweg derselbe wie der einer anderen Gruppe ist. Dadurch kann noch einmal das Prinzip eines Zufallsversuches anschaulich wiederholt werden. Vergleichen nun die einzelnen Gruppen ihre Zufallswege miteinander, werden sie feststellen, dass, obwohl kaum eine Gruppe denselben Weg wie eine andere erzeugt hat, trotzdem einige Gruppen denselben Endpunkt erhalten haben. Um das Gesetz der großen Zahlen an diesen Zufallswegen zu verdeutlichen, schreibt der Lehrer nun alle Endpunkte der einzelnen Gruppen an die Tafel und analysiert diese gemeinsam mit den Schülergruppen.

Es ist nun Aufgabe des Lehrers, anschaulich deutlich zu machen, dass viele Gruppen, die Stelle 0 nicht nur einmal während ihrer zehn oder zwanzig Versuche erreicht haben, d.h. der Zufallsweg immer wieder (in immer unregelmäßigeren Abständen) die Abszissenachse schneidet oder berührt, währenddessen der Zufallsweg aber, je größer die Anzahl der durchgeführten Zufallsversuche n wird, immer größere Maxima und Minima auf der y-Achse erreichen wird. Dieses Phänomen kann dadurch demonstriert werden, dass alle Endpunkte der einzelnen Gruppen addiert werden und sich jetzt mit hoher Wahrscheinlichkeit ein neuer, bisher nicht erreichter Endpunkt ermitteln lässt, der wohl auch ein bisher noch nicht da gewesenes größeres Maximum oder kleineres Minimum markiert. Falls dies nicht der Fall sein sollte, hat der Lehrer auch die Möglichkeit, die Gruppen noch weitere zehn oder zwanzig Zufallsexperimente durchführen zu lassen, so dass jede Gruppe an deren Kurvenverlauf selbständig die immer neuen größeren positiven oder negativen Ausschläge erkennen und ableiten kann.

So wird anschaulich deutlich, dass der Unterschied geworfener Wappen im Vergleich zu geworfenen Augen für eine große Anzahl von Versuchen steigt, aber wohl, die Versuche aller Gruppen zusammen genommen, im Mittel sich doch die entsprechenden relativen Häufigkeiten h_n für „Wappen" und „Zahl" dem Wert ½ nähern.

Ist in der Schule ein Galton - Brett vorhanden, ist es auch gut denkbar, den Sachverhalt eines Zufallsweges an einer Kugel zu erläutern. So kann auch wunderbar verdeutlicht werden, dass eine Kugel im linken oder rechten äußersten Endfach nur eine einzige Möglichkeit hatte, dieses Fach zu erreichen, während die Vielzahl der Kugeln in mittleren Fach des Galton –

Brettes darauf zurückzuführen ist, dass jede der Kugeln eine Vielzahl von Möglichkeiten hatte, in dieses Fach zu gelangen.

Ein entsprechendes Unterrichtskonzept kann den Sinngehalt und die Folgen des Gesetzes der großen Zahlen anschaulich deutlich machen, und den geschilderten Trugschluss widerlegen. Reizvoll kann die Thematik auch deswegen für die Schüler werden, weil sie selbständig entdeckend lernen, die Unterrichtsmethode der Partnerarbeit realisieren und eine andere Sicht auf Vorgänge in anderen Unterrichtsfächern erhalten. Zum Beispiel kann so die Brownsche Molekularbewegung in der Chemie mathematisch fundiert fächerübergreifend erklärt und behandelt werden.

Im Bereich der Paradoxien mit Würfeln bietet die Würfelschlange, die bereits im Kapitel 4 ausführlich beleuchtet wurde, eine schöne Basis, den Schülern den Begriff Zufall zu erklären und Vorstellungen zu wahrscheinlichen und unwahrscheinlichen Ereignissen zu schaffen. Was auf den ersten Blick so faszinierend anmutet, wenn man bei einer durch reinen Zufall erzeugten Würfelschlange immer wieder zum selben Würfel am Ende der Schlange gelangt, und das trotz mehrmaliger Änderung der Augenzahl am Schlangenkopf, ist doch sehr schnell durchschaubar, wenn man das angewandte Verfahren genauer analysiert. Daher scheint es lohnend, die Würfelschlange schon in Klasse 7 oder 8 im Rahmen der Einführung des Begriffes Zufall zu behandeln. Um den Lehrer davon zu entlasten, sich um 40 oder 50 Würfel zu kümmern, kann den Schüler die Aufgabe angetragen werden, zur nächsten Mathematikstunde jeweils einen oder zwei Würfel mitzubringen. Größe und Farbe sind dabei relativ egal, da sie den mathematischen Kontext nicht beeinflussen, höchstens ästhetisch auf das Experiment einwirken. Wenn nun der Lehrer noch zusätzlich zehn oder zwanzig eigene, als Klassensatz an jeder Schulanstalt vorhandene Würfel mitbringt, kann das Experiment beginnen. Dazu kann im Sinne eines genetisch – sokratischen Lernens folgendes Grobkonzept dienen: Die Schüler erhalten lediglich die Instruktionen des Lehrers und führen diese gemeinsam an einer vorher als Versuchstisch vorbereiteten Schulbank aus. Ziel soll es sein, die Schüler in diesem aktiven, von den Lernenden selbst gestalteten Unterrichtsprozess lediglich zu instruieren, aber sie das Ergebnis selbst finden, deuten und werten zu lassen.

Dazu stellt der Lehrer folgende Aufgaben, die an der Tafel notiert oder auf einem Arbeitsblatt festgehalten werden können: Zuerst wird mit allen Würfeln gewürfelt, dann eine beliebige Schlange daraus gebildet, die ein eindeutiges Ende und ein einen eindeutigen Anfang besitzen muss. Im Anschluss soll der jüngste Schüler den bereits im Kapitel 4 geschilderten Algorithmus des Abzählens der Augenzahlen der Würfel beginnend beim Schlangenkopf in Richtung des Endes der Schlange durchführen, und die anderen Schüler währenddessen darauf aufpassen, dass sich ihr Mitschüler nicht verzählt. Überflüssige Würfel am Ende der Würfelschlange sollen auf jeden Fall beiseite gelegt werden, heißt die Aufgabenstellung weiter. Nun soll der älteste Schüler denselben Versuch wiederholen, mit der Maßgabe, dabei vorher mit dem Würfel am Schlangenkopf neu gewürfelt zu haben und die nun erhaltene anders lautende Augenzahl an den Beginn des Experimentes zu stellen. Auch hier sind die Mitschüler wieder aufgerufen, dem Experiment zu folgen und auf dessen ordnungsgemäße Durchführung zu achten. Alle sollen zusätzlich darauf achten, was ihnen auffällt. Gelangt der Klassen - Älteste nun wieder zum selben Würfel am Ende der Schlange, wird die Aufgabe gestellt, zu diskutieren, warum immer wieder derselbe letzte Würfel trotz unterschiedlicher Ausgangslage mit immer neuen Augenzahlen zu Beginn erreicht wird.

Die nun entfachte Diskussion kann ein jähes Ende haben, falls clevere Schüler schnell durchschauen, warum das Phänomen so auftritt, oder sich auch lang hinziehen, wenn andere Schüler das Experiment mit einer dritten oder vierten Augenzahl gern noch einmal wiederholen möchten, weil sie dem Gesehenen keinen Glauben schenken. Der Lehrer kann nun die Diskussion lenken und den Lernenden Impulse geben, wie denn der Sachverhalt aufzulösen ist. Dazu ist kein stochastisches Werkzeug notwendig, denn allein indem man die Würfel, auf die man durch das Abzählen gelangt ist, „markiert" und damit heraushebt, wird anschaulich deutlich, dass man beim neuerlichen Zählen mit einer neuen Augenzahl wieder ziemlich schnell auf solch einen markierten Würfel gelangt. Der Zufall der gewürfelten und zufällig angeordneten Augenzahlen der Würfel spielt dabei eine große Rolle. Je größer dabei die Zahl der Würfel ist, desto wahrscheinlicher wird das Gelingen des Experiments. Den Analogieschluss zu formulieren, dass das Erreichen eines „markierten" Würfels unweigerlich auch zum Erreichen des letzten selben Würfels am Ende der Schlange führt, dürfte dann auch Schülern der siebten bzw. achten Klassen gelingen.

Aus didaktischer Sicht werden so Vorstellungen zu den Begriffen „Zufall" und auch „wahrscheinlich" geschaffen, die den Lernenden durch die anschauliche Art und Weise des „selbst Entdeckens", und in dem nicht erwarteten erstaunlichen Experimentausgang lange in Erinnerung haften bleiben werden. Der dabei praktizierte offene Unterricht, der von den lernenden unter Lehrerregie produziert wird, lässt auch die einzelnen Schülerpersönlichkeiten reifen und jeder kann sich entsprechend seiner Stärken und Schwächen individuell ins Unterrichtsgeschehen einbringen.

Ist es den Lernenden ein Rätsel, warum das Experiment so ausgegangen ist und finden die Schüler auch in der Diskussion keine möglichen Lösungsansätze, so kann der Lehrer die Auflösung des Problems auch auf das Ende des Stoffgebiets verlagern.

Es ist dann ratsamer, mit Hilfe des nun bekannten Baumdiagramms und der darauf anzuwendenden Pfadregeln die Lernenden mit stochastischen Mitteln zu überzeugen:

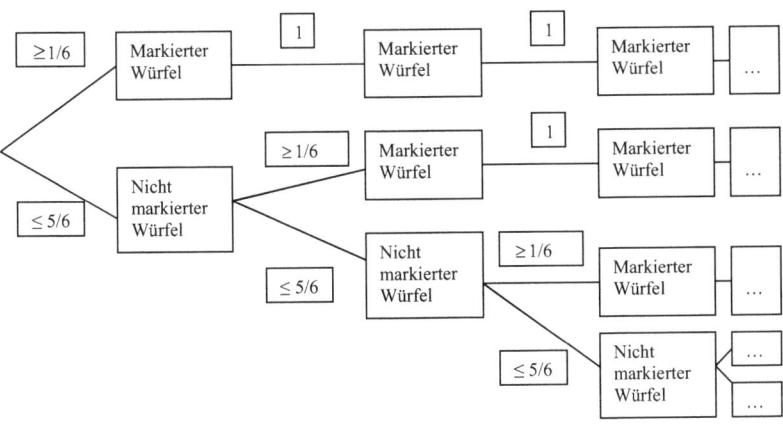

So kann deutlich gemacht werden, dass die Wahrscheinlichkeit von der ersten Würfelzahl ausgehend, sofort auf den ersten markierten Würfel zu gelangen, wenigstens 1/6 sein muss. Schließlich kann die Augenzahl des ersten Würfels beim ersten Durchlauf des Abzählens höchstens eine 6 gewesen sein, wie übrigens auch die Augenzahlen sämtlicher späterer Würfel, so dass von jeweils aufeinander folgenden sechs Würfeln zumindest immer einer „markiert" sein muss. Oftmals wird es aber auch passieren, dass innerhalb von sechs aufeinander folgenden Würfeln gar drei oder vier markiert sind, wenn nämlich die Augenzahlen der in diesem Bereich markierten Würfel nur eins oder zwei sind. Gelangt man einmal auf einen markierten Würfel, das ist auch für die Schüler leicht einsehbar, landet man immer wieder auf einen markierten Würfel und wird daher auch zum letzten markierten Würfel gelangen, so dass von da ab die Wahrscheinlichkeit immer eins ist und bleibt. Bevor man aber bei vierzig oder sechzig Würfeln der Würfelkette alle Ereignisse betrachtet, in denen man irgendwann im Laufe des Experiments auf den markierten Würfelpfad gelangt, ist es ratsam, weil weniger aufwendig, nur das Ereignis zu betrachten, in dem ich nie auf diesen markierten Würfelpfad gelange. Das betrifft nur einen einzigen Pfad des Baumdiagramms und zwar den untersten. So kann den Schülern auch schön der Begriff des „Gegenereignisses" deutlich gemacht und der Nutzen eines solchen bei stochastischen Berechnungen aufgezeigt werden. Zieht man nämlich die Wahrscheinlichkeit des Gegenereignisses B („Man gelangt bis zum Ende der Würfelschlange nie auf einen markierten Würfel") von 1 ab, erhält man die Wahrscheinlichkeit des Ereignisses A: „Mindestens ein markierter Würfel wird bis zum Ende der Würfelschlange erreicht". Die Wahrscheinlichkeit des Ereignisses steigt also mit der Anzahl der verwendeten Würfel n, wie man durch die Formel zur Berechnung der Wahrscheinlichkeit des Ereignisses A leicht ableiten kann:

$P(A) = 1 - P(B)$

$P(A) \geq 1 - (5/6)^n$.

Lässt man die Schüler für n die Werte 1, 2 bis 10 einsetzen erkennen diese schnell, dass bereits ab etwa 24 Würfeln (n etwa 4) die Wahrscheinlichkeit für das Funktionieren des Würfelschlangeneffekts mindestens bei über 50% liegt. Für 60 Würfel und n = 10 sinkt die Wahrscheinlichkeit des Gegenereignisses, also ein nicht funktionierendes Experiment, gar unter höchstens 17%, so dass die Wahrscheinlichkeit für das Ereignis A bereits bei mindestens rund 84% liegt.

Trifft man schon in diesen niederen Klassen auf Schüler, für die das Paradoxon keines ist, die also das Prinzip der Würfelschlange und vor allem das Ergebnis und dessen Begründung schnell durchschauen, muss der Lehrer diese einzelnen Schüler individuell fördern. Hierbei können erweiterte Betrachtungen den cleveren Schüler herausfordern und auch die Klasse kann dann bei der Besprechung des Sachverhalts von diesen Ergebnissen zehren.

Zum Beispiel scheint es sinnvoll, solche Schüler dann vor die Aufgabe zu stellen, zu ermitteln, ab welcher Würfelzahl das Experiment Erfolg verspricht, oder ihn für die konkrete vorliegende Würfelschlange so wenige Würfel wie nötig manuell abändern zu lassen, dass das Experiment nicht mehr funktioniert. Für derartige Fälle muss der Lehrer dann gewappnet sein, nicht nur die Mehrheit der Klasse zu fördern, sondern jedem Schüler einzeln auf seine Fähigkeiten abgestimmtes Aufgabenmaterial anzubieten.

Ein weiteres schönes Paradoxon im Zusammenhang mit Würfeln ist das Phänomen, dass man beim Werfen zweier Würfel häufiger die Augensumme 9 als 10 erhält, obwohl beide auf jeweils drei verschiedene Arten erhalten werden können. Ähnlich verhält es sich beim Werfen dreier Würfel mit den Augensummen 9 und 10. Der Unterschied besteht nur darin, dass jetzt die Augensumme 10 häufiger als die Augensumme 9 geworfen wird.

Es bietet sich an, die Schüler einer neunten oder 10.Klasse selbst die paradoxen Phänomene entdecken und spüren zu lassen. Die Klasse wird dazu in zwei Hälften geteilt, damit je eine Hälfte das eine, und die anderen das andere Paradoxon erkennen und entlarven sollen. Vielleicht ist es ratsam, das erste und leichter aufzudeckende Paradoxon eher leistungsschwächeren Gruppen zuzuteilen. In jeder Klassenhälfte finden sich nun zwei Schüler zu einer Partnerarbeit zusammen. Jede Gruppe würfelt nun mit ihren zwei bzw. drei Würfeln 25 Male und notiert jeweils das Ergebnis der Augensumme. Ohne, dass der Lehrer bereits verrät, dass das Hauptaugenmerk der Aufgabe dabei auf den Augensummen neun und zehn liegt, können die Gruppen nun wertfrei diese Aufgabe bewältigen. Erst im Anschluss werden von allen Gruppen an der Tafel die Ergebnisse für die Augensummen 9 und 10 notiert, sowohl von der einen Klassenhälfte mit den zwei Würfeln als auch von der anderen mit den drei Würfeln. Erkennt der Lehrer, dass trotz der Vielzahl der Versuche das Ergebnis noch nicht eindeutig ist, und das Paradoxon daher noch nicht seine volle Wirkung entfalten konnte, kann er auch noch weitere zehn Versuche von jeder Gruppe durchführen lassen. Dies wird freilich nicht immer nötig sein. Ohne schon die Aufmerksamkeit der Lernenden auf das Paradoxon zu lenken, ist es nun möglich die Schüler zu fragen, was ihnen beim Ansehen ihrer Ergebnisse auffällt. Sicher werden einige antworten, dass einzelne Augensummen wegen der Vielzahl von Kombinationsmöglichkeiten häufiger und andere weniger häufig auftreten, und doch wird wohl keiner schon das Augenmerk auf die Augensummen 9 und 10 legen.

Letztendlich werden aber nun an der Tafel tabellarisch die Zahl der Gesamtversuche aller Gruppen notiert, darunter für beide Klassenhälften die Summe aller Augensummen neun und 10 geschrieben. Es wird auffallen, dass bei der einen Klassenhälfte, die mit zwei Würfeln gewürfelt hat, die Augensumme 9 häufiger als die Augensumme 10 und bei der anderen Hälfte aber der genau gegenteilige Sachverhalt zu beobachten ist. Der Lehrer hat nun die Möglichkeit, die Schüler die Gründe für dieses unerwartete Ergebnis finden zu lassen. Dabei wird schnell der Verdacht keimen, dass sich das Ergebnis durch die Kombinationsmöglichkeiten für die Augensummen 9 und 10 bei zwei bzw. drei Würfeln begründen lässt. Die Lernenden erhalten daher die Aufgabe, alle Kombinationsmöglichkeiten für die Augensummen 9 und 10 bei zwei und bei drei Würfeln zu finden und das Paradoxon damit erklären zu können. Auch wenn es sonst eher wenig ratsam scheint, das Paradoxon per Hausaufgabe aufzulösen, so ist das an dieser Stelle einmal gut möglich. Der Anspruch dieser Suche nach den Darstellungsvarianten für die beiden Augensummen scheint für eine 10.Klasse keinesfalls zu hoch zu sein. Gut möglich ist es auch, die Hausaufgabe insofern zu erweitern, als dass die Wahrscheinlichkeiten für die jeweiligen Augensummen bei zwei und drei Würfeln zu berechnen sind. Diese kleine Hürde ist leicht zu überwinden, wenn man einmal erkannt hat, dass es bei z.B. zwei Würfeln genau $6^2 = 36$ mögliche Ergebnisse gibt und davon nur drei auf die Augensumme 10 (5+5; 6+4; 4+6) entfallen, aber vier auf die Augensumme 9 (4+5; 5+4; 3+6; 6+3).

Fühlen sich auch hier einige Schüler unterfordert und wissen sofort, warum das Ergebnis des Zufallsversuchs genau so lauten muss, sollte man als Lehrer auch hier einige weiterführende Aufgaben besitzen, um dem Anspruch dieser Schüler gerecht werden zu können. Dabei muss es sich nicht zwingend um Aufgaben zu diesem Paradoxon handeln, es kann sich auch um ähnliche Paradoxa handeln, die aufzudecken sind (Bsp. de Mèrè etc.).

Das Paradoxon bietet in einer 10.Klasse einen schönen anschaulichen Versuch im Bereich Kombination und kann durch das eigens entlarvte paradoxe Phänomen auch als ein schönes Beispiel für eine Simulation gelten, wenn z.B. erst das Paradoxon geklärt und dann dessen Wahrheitsgehalt an einigen dazu durchgeführten Zufallsversuchen getestet wird. Reizvoll ist dieses Paradoxon daher, weil der geringe Zeitaufwand und die schnell einsichtige und darstellbare Lösung Vorteile sind. Die einfachen mathematischen Mittel, die man benötigt, um das Paradoxon aufzudecken, werden bei den meisten Schülern Erstaunen hervorrufen. Auch hier erleben die Lernenden wieder, wie faszinierend und einfach auf den ersten Blick komplexe Sachverhalte sein können und dass sie selbst den Unterricht zu einem großen Teil mitgestalten durften.

Das Aufteilungsproblem, ein Paradoxon aus dem Bereich der (un)fairen Spiele, soll dieses Kapitel, in dem grobe Vorschläge zu einer Verwendung der Paradoxien im Unterricht gemacht werden, abschließen. Das Aufteilungsproblem, bei dem der Frage nach einer fairen Aufteilung eines Gewinns bei einem bestimmten Spielstand kurz vor Spielende nachgegangen wird, kann bereits in Klasse acht Anwendung finden. Grund dafür sind die einfachen stochastischen Werkzeuge „Baumdiagramm" und „Pfadregeln", die allein zur Klärung des Sachverhalts genügen.

Ein schülerbezogenes Fallbeispiel sollte die Schüler dabei besonders motivieren. Dazu kann vom Lehrer das beobachtete Poker- oder Skatspiel in der Schulpause herangezogen werden. Der Lehrer überlegt sich dazu eine fiktive möglichst realitätsnahe Situation, in der z.B. die Klassenkameraden Edgar und Franz um ihr Taschengeld spielen.

Das Beispiel könnte in etwa so aussehen: Beide erhalten im Monat von ihren Eltern zehn Euro. Beide sehnen sich danach das neue Computerspiel „FIFA 2005" zu kaufen und können es kaum erwarten, die nötigen 60Euro gespart zu haben. Deswegen entschließen sie sich, das jeweilige Taschengeld dreier Monate zusammenzulegen und darum zu spielen, dass sich wenigstens einer der beiden das Spiel sofort kaufen kann. Sie vereinbaren, so lange zu pokern, bis einer der beiden beim Offiziersskat drei Male gewonnen hat. Beide sind in etwa gleich gute Spieler und gewinnen damit auch in etwa mit der Wahrscheinlichkeit ½. Nach drei Spielen steht es 2:1 für Edgar. Wegen eines Streits mit Edgars Mutter, die ihren Sohn zum sofortigen Saubermachen des Zimmers aufruft, müssen beide ihr Spiel bei diesem Stand abbrechen. Da Edgar wegen des Streits Hausarrest bekommt und daher das Spiel auf einige Zeit nicht fortgesetzt werden kann, möchten die beiden zumindest, um jeder für sich weiter sparen zu können, den Gewinn gerecht aufteilen. Welchen Anteil soll also Edgar, welchen Franz bekommen?

Die Lernenden werden also mit einem Fallbeispiel konfrontiert, dass selbst gut in ihre eigene Realität passen könnte. Die tatsächlich existierenden Klassenkameraden Franz und Edgar, die noch dazu wirklich oft in den Schulpausen Karten spielen, der Reiz neuer Computerspiele sowie der alltägliche Knatsch um die Pflichten daheim, lassen sie die mathematische Aufgabe hautnah erleben und damit gar nicht erst über Sinn und Unsinn dieser Aufgabe nachdenken.

Dazu können die Lernenden nun gefragt werden, welcher Geldbetrag ihnen als der Person des Franz, welcher ihnen als Edgar zustünde. Wahrscheinlich wird ein Großteil der achten Klasse sich gütlich einigen, dass die 60Euro, die aufzuteilen sind, wegen des Spielstandes 2:1 für Edgar auch in diesem Verhältnis 2:1 aufzuteilen sind. Andere könnten argumentieren, dass beide einfach wieder ihre 30Euro bekommen sollten, da das Spiel ja nicht zu Ende gebracht werden konnte und daher beide die Ausgangseinsätze zurückerhalten müssten. Erst jetzt sollte der Lehrer die Klasse darauf hinweisen, dass ihnen doch stochastische Mittel zur Verfügung stehen, das Problem mathematisch zu lösen. Die Schüler erkennen die Notwendigkeit des Zeichnens eines Baumdiagramms für diesen Sachverhalt, ggf. weist sie der Lehrer noch einmal darauf hin. Nach dem Zeichnen des dreistufigen Zufallsversuchs ist es nun an den

Lernenden zu erkennen, dass das Baumdiagramm so fortzusetzen ist, bis auch alle möglichen Spielvarianten tatsächlich zu Ende gebracht sind. Das Baumdiagramm kann z.B. so aussehen, wenn das Ereignis E („Edgar gewinnt") und das Ereignis F („Franz gewinnt") möglich sind:

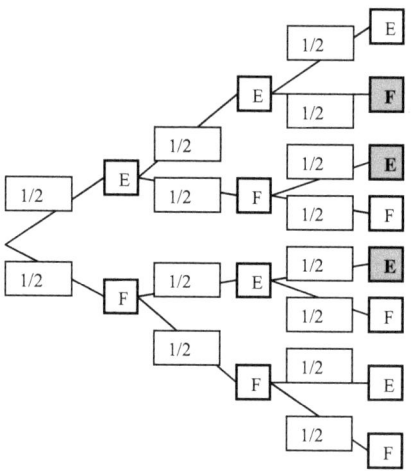

Dabei befindet man sich an den grau unterlegten Feldern an den Stellen der möglichen Pfade, auf denen sich die beiden Spieler Edgar und Franz zu Abbruch ihres Spiels befinden könnten. Edgar braucht nun nur noch ein weiteres Spiel gewinnen, Franz dagegen noch zwei, um den gesamten Spieleinsatz zu erhalten. Bis hierhin sollte das den Schülern keine Probleme bereiten. Nun stellt der Lehrer nach nochmaliger gemeinsamer Erarbeitung der aktuellen Situation die Aufgabe, dieses Baumdiagramm für einen der möglichen drei Fälle fortzusetzen, da für alle drei Fälle das fortgesetzte Baumdiagramm dasselbe ist. Gesucht soll dabei die Wahrscheinlichkeit sein, mit der Franz gewinnt, und die, mit der Edgar gewinnt.

Die Schüler sollten nun keine großen Probleme haben, das Baumdiagramm fortzusetzen, falls wider Erwarten doch Probleme auftreten sollten, kann der Lehrer sofort eingreifen. Ein typisches Baumdiagramm eines Schülers könnte so aussehen, wenn wieder angenommen wird, dass das Ereignis E dafür steht, dass Edgar gewinnt und das Ereignis F dafür, dass Franz gewinnt:

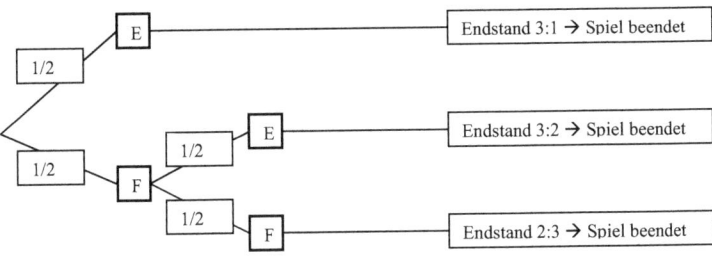

Die Lernenden erkennen nun, dass Edgar nur noch das nächste oder spätestens das übernächste Spiel gewinnen muss, um den Einsatz einzustreichen, während Franz nur dann noch das Geld gewinnen kann, falls er beide folgenden Spiele für sich entscheidet. Über die Pfadmultiplikationsregel sollen die Lernenden nun berechnen, wie hoch die Wahrscheinlichkeit ist, dass Franz gewinnt und erhalten schnell das Ergebnis ¼. Damit gewinnt Edgar das Spiel mit der Wahrscheinlichkeit ¾. Die Schüler können nun schlussfolgern, dass der Einsatz in genau diesem Verhältnis ¼ : ¾ zwischen Franz und Edgar aufzuteilen ist.

Verblüffend ist dabei vor allem, wie sehr man sich am Anfang verschätzt hat. Das kann für zukünftige Sachverhalte nur eine große Warnung sein, sich genauestens mit dem Inhalt des Problems auseinanderzusetzen, nicht nur in der Mathematik, sondern auch im täglichen Leben. Besonders schön ist das Aufteilungsproblem auch deswegen, weil es intrinsisch motiviert wurde. Den meisten Schülern wird es daher leicht fallen, das Problem zu bearbeiten, weil man auch einmal selbst vor solch einem Problem stehen könnte und dadurch die Frage: „Wie relevant ist ein Problem aus dem Unterricht für mich selbst?" sich gar nicht erst stellt. Neben der vertiefenden Anwendung des Baumdiagramms, der Berechung von Wahrscheinlichkeiten mit Hilfe von Pfadadditions- und Pfadmultiplikationsregel kann so auch noch einmal wiederholend der Begriff „Gegenereignis" genutzt und daher gefestigt werden.

5.3 Zusammenfassung und Ausblick

Auch wenn Paradoxien eine große Lernrelevanz besitzen, sind sie bestenfalls ein sinnvolles Beiwerk zum alltäglichen Unterricht. Sie bieten Abwechslung, Aha-Effekte, Überraschung, haben einen hohen Motivierungsfaktor und würzen den Unterricht, aber nehmen auch viel Zeit in Anspruch, die viele Lehrer inmitten des alltäglichen Schullebens im Kampf mit den Lehrplanforderungen nicht haben. Und doch sollte dieser kleine Einblick in selbst erarbeitete Grobkonzepte zur Behandlung ausgewählter Paradoxien im Unterricht der verschiedenen Klassenstufen Anreize bieten, sich mehr dem Thema Paradoxien zuzuwenden. Wie bereits die vorherigen Abschnitte gezeigt haben, fehlt es an vielen Stellen an konkreten Hilfestellungen und Anreizen, paradoxe Elemente überhaupt im Mathematikunterricht einzusetzen. Sowohl Lehrbücher als auch den Unterricht begleitende Lehrerbände widmen sich der Vielfalt von Paradoxien zu wenig. Dabei wäre es doch schön, wenn sich Schüler immer wieder inmitten des vielfältigen geometrischen, stochastischen und algebraischen Stoffs auf paradoxe Sachverhalte freuen und in der gemeinsamen Erarbeitung der Paradoxie persönliche und prägende Erfolgserlebnisse verbuchen könnten. So wird dann auch daheim nicht der Mathematikunterricht als schnödes Erlernen und Abarbeiten von Algorithmen verstanden, sondern das Paradoxon kann vom Nachwuchs in die Familie oder in den Verwandtenkreis hineingetragen werden und auch dort für mathematische Phänomene begeistern.
Dazu war dieser Abschnitt gedacht. Zum Inspirieren des Lehrers, aber auch zum Aufzeigen möglicher Wege einer Paradoxie in den Unterricht. Sicherlich ist das Repertoire der Ideen begrenzt, manch einer wird die groben Unterrichtskonzepte und Erläuterungen dazu als zu wenig detailliert ansehen, und doch bieten die Vorschläge Varianten, wie paradoxe Sachverhalte praktische Bedeutung im Unterricht erlangen können. Festzuhalten bleibt, dass es wenig sinnvoll erscheint, Paradoxien per Hausaufgabe den Schülern nahe zu bringen, da allein wäre der Sinn und das Potential einer Paradoxie verfehlt, viel mehr muss der Lehrer sehr viel eigene Liebe und Begeisterung mitbringen, um die Lernenden langsam und sicher an die auf den ersten Blick verwirrenden Phänomene zu führen. Sind erst einmal Hemmnisse abgebaut, und Wege aufgezeigt, wie man mit derartigen Sachverhalten umgehen kann und wie viel Spaß es macht, die Lösung (fast) selbst zu entdecken, wird der Schüler gern noch viele weitere Paradoxien kennen lernen wollen, weil in jedem Menschen das Bedürfnis schlummert, Rätseln und zumindest auf den ersten Blick verzwickten Phänomenen auf die Schliche zu kommen.

6. Behandlung von Paradoxien im größeren Rahmen – Ein Projektentwurf

In den Konzeptionen des neuen Lehrplans für Gymnasien in Sachsen sind für jedes Schuljahr acht Stunden für einen zu unterrichtenden Wahlpflichtbereich veranschlagt. Wie bereits im Abschnitt 2.2 diskutiert wurde, steht es jedem Lehrer frei, zur Auslastung dieses Wahlpflichtbereiches eine Thematik frei zu wählen, die sowohl ihm als Experten liegt als auch die kognitiven und alterstypischen Voraussetzungen der Lernenden berücksichtigt. Formuliertes Ziel dieser neuen Lernbereiche mit Wahlpflichtcharakter soll es sein, den Blick auf interessante Gebiete der Mathematik lenken. (Sächsisches Staatsministerium für Kultus: Lehrplan Mathematik, Fassung von 2004, im Abschnitt „Ziele und Aufgaben des Faches Mathematik": 8)

Damit ist es also sehr gut möglich, reizvolle Paradoxien in einem größeren Rahmen viel intensiver beleuchten zu können. Nicht nur in solch einem Wahlpflichtbereich, sondern auch in der an den meisten Schulen jährlich einmal durchgeführten Projektwoche können Paradoxien thematisiert werden. Dazu sind zumeist fünf Tage, selten auch in einer verkürzten Form auf Grund einer Feiertagswoche drei Tage vorgesehen.

Für solch eine Projektwoche soll in diesem Kapitel ein Konzept vorgestellt werden, wie ein Projekt „Mathematische Paradoxien und ihre Bedeutung" aussehen und in welcher Form es durchgeführt werden könnte. Dazu sind vorher einige theoretische Betrachtungen zum Projektlernen, dem allgemeinen Aufbau und der Zielsetzung der projektorientierten Unterrichtsmethode anzustellen.

6.1 Die Projektmethode aus theoretischer Sicht

Als heimlicher Vater des Projektunterrichts wird oft John Dewey (1859-1952), ein Vertreter des amerikanischen Pragmatismus, angesehen. Im Pragmatismus wird die praktische Tätigkeit der Theorie und der Wissenschaft übergeordnet. Der Sinn des praktischen Tuns entscheidet über gut und schlecht, nicht die theoretische Gültigkeit. Der seitdem John Dewey zugeschriebene Slogan "Learning by doing" stammt aber nicht von ihm, bringt aber zumindest seine Vorstellungen auf den Punkt.

Wenn man die exakte Definition des Begriffes „Projektmethode" sucht, ist die Literatur sehr gespalten. Während Karl Frey in seinem Buch über die Projektmethode diese als eine "offene Lernform" bezeichnet, die sich "folglich auch nicht durch eine präzise Definition beschreiben" lässt (vgl. Karl Frey, 1984, S.14: 24), definiert die Chemiedidaktik der Technischen Universität Dresden unter der Leitung von Professor Dr. Storz die Projektmethode folgendermaßen:

„Die Projektmethode ist eine Form des (lernortübergreifenden) Lernens gebunden an die Bewältigung von Problemstellungen, welche den Lernenden Mit- und Selbstbestimmung ermöglicht bei der
- Auswahl der Inhalte und Themen (in bedingtem Maße)
- Festlegung der Handlungsziele bzw. Teilaufgaben
- Bestimmung der Methoden zur Problemlösung bzw. zur Bewältigung der Teilaufgaben
- Beurteilung der geleisteten Arbeit, wobei nicht zuletzt die Ergebnisse über Anwendungen konkret überprüfbar werden.

Die Problemlösung ist dabei an die Gestaltung eines Produktes (z.B. in Form einer spezifischen Präsentation) gebunden." (Seminaraufzeichnungen „Projektlernen" im Sommersemester 2004, aufgeführt unter Gliederungspunkt „Zum Begriff Projektmethode": 25)

Der Projektunterricht ordnet sich demnach in die Form eines handlungsorientierten Unterrichtes ein. Damit ist ein schüleraktiver und ganzheitlicher Unterricht gemeint, in dem die zwischen dem Lehrer und dem Schüler vereinbarten Handlungsprodukte die Organisation des Unterrichtsprozesses leiten, so dass Kopf- und Handarbeit der Schüler in ein ausgewogenes Verhältnis zueinander gebracht werden können. Voraussetzung für eine sinnvolle Projektgestaltung sollte der direkte Lehrplanbezug sein, mit dem die Lernenden auch Inhalte und Fragestellungen des Projektes mit denen des Unterrichts vernetzen können. Vorteil des Projektlernens kann es sein, auch über eng gesteckte Fächergrenzen hinweg fachübergreifend thematische Betrachtungen anstellen zu können. Dieses interdisziplinäre Lernen sollte an eine hohe die Interessen der Schüler berücksichtigende Schülerorientierung gekoppelt sein. Ein offensichtlicher Gesellschafts- und Situationsbezug kann zudem zu einer Triebkraft für eine aktive Beteiligung aller Projektteilnehmer heranwachsen. Die Chance der Schüler, durch selbst organisiertes und selbstverantwortliches Lernen mehr Kompetenz in dieser etwas anderen Art des Unterrichts zu erlangen, kann als großer Vorteil des Projektunterrichts angesehen werden. Später im Berufsalltag benötigte Schlüsselqualifikationen wie die Fähigkeit zur kooperativen Problemlösung oder die zielgerichtete Herangehensweise an eine Aufgabe werden so entscheidend trainiert.

Potentielle Lernziele für einen projektorientierten Unterricht können deswegen sein:

- Probleme in Teilprobleme zu gliedern
- Lösestrategien für Teilprobleme zu entwerfen
- eine sinnvolle Arbeitsteilung festzulegen
- Gruppenergebnisse bzw. jeweils vorhandene Kenntnisse und Fähigkeiten auf das Gesamtproblem anzuwenden
- miteinander in Teamarbeit kooperieren zu können und
- zu konkreten Arbeitsergebnissen zu gelangen und diese präsentieren zu können.

Ferner sind aber auch als generelle Lernziele anzusehen:

1. Der Schüler soll Themen und Aufgaben seinen Neigungen und Interessen entsprechend frei wählen können.

2. Der Schüler soll seiner Altersstufe gemäß Arbeiten planen und ausführen können.

3. Der Schüler soll Wege zur Erreichung seines Zieles finden, selbst entwickeln und auf andere Situationen übertragen können.

4. Der Schüler soll einsehen, dass zur Lösung bestimmter Aufgaben kooperatives Handeln notwendig ist.

5. Der Schüler soll Informationen einholen, sammeln, ordnen und ausweiten und sie kritisch beurteilen können

6. Der Schüler soll sich in sachlicher Diskussion üben und seine Anliegen vertreten und artikulieren können.

Im Hinblick auf die spätere berufliche Tätigkeit darf nicht vergessen werden, dass:

7. Im Rahmen der Projektarbeit die Schüler insbesondere Fähigkeiten erwerben sollen, die von ihnen als zukünftige Facharbeiter verlangt werden,

8. Fähigkeiten wie Problemlösefähigkeit, Teamfähigkeit, Kritikfähigkeit und Verantwortungsbewusstsein bewusst gefördert werden sollen und

9. Routine im schulischen Lernen durch besondere Aufgabenstellungen aufgebrochen; der Einsatz von Kreativität, Phantasie und Eigeninitiative belohnt werden soll.

(siehe Seminaraufzeichnungen „Projektlernen" im Sommersemester 2004, aufgeführt unter Gliederungspunkt „Ziele des Projektunterrichts": 25)

Nach Frey existiert ein Vier-Stufen-Plan, wie ein Projekt idealisiert ablaufen sollte. Ausgehend von der ersten Stufe, der *Projektinitiierung* durch den Lehrer oder eifrige Schüler, werden in einem vorher vereinbarten Rahmen (z.B. dem Wahlpflichtbereich des Lehrplans) das Thema vorgestellt, Fragen aufgeworfen und Neugier auf das Kommende geweckt. Durch das Entwickeln gemeinsamer Handlungsziele für ein ganz bestimmtes Projektergebnis wird die nächste Stufe vorbereitet. In dieser nächsten *Stufe der gemeinsamen Planung* werden nun gemeinsam geeignete Methoden zur Zielerreichung gesucht, ein Projektprodukt als Richtziel vereinbart und die Arbeitsteilung im Rahmen der Realisierung der Arbeitsschritte festgelegt. Auf Basis der Frage: „Wer macht was wie lange wo?" wird das gemeinsame Betätigungsfeld abgegrenzt und auf das Endziel ausgerichtet. In der dritten *Stufe der Ausführung* kommt es nun verstärkt zu den eigentlichen Aktivitäten im Betätigungsgebiet, wobei ständig und kontinuierlich Fixpunkte und Metainteraktionen eingeschoben werden, um die getane Arbeit zu reflektieren. Ziel soll es sein, durch solche Fixpunkte (=organisatorische Schaltstellen) blinde Betriebsamkeit, Orientierungslosigkeit und fehlende Abstimmung zwischen den einzelnen (Teil)Gruppen zu vermeiden. In der Metainteraktion beschäftigen sich die Projektteilnehmer hingegen mit dem Normalgeschehen. Sie legen eine Pause ein und setzen sich aus einer gewissen Distanz mit ihrem eigenen Tun auseinander. Die Metainteraktion trägt dazu bei, aus einfachem Tun bildendes Tun zu machen. Als vierte und letzte Stufe schließt sich jetzt noch die *Stufe der Sicherung der Ergebnisse* an. Das gesamte Projekt wird nun reflektiert, ein bewusster Abschluss entweder durch eine Rückkopplung zur Projektinitiative oder durch ein „Auslaufen lassen" geschaffen. (sinngemäß unter dem Internetlink www.wipaed.wiso.uni-goettingen.de : 26)

Um das Projekt in der ersten Stufe erfolgreich initiieren zu können, sollte der Lehrer einen konkreten Problembezug schaffen. Dazu werden drei Arten von Problemen (nach Dörner) unterschieden: Als erstes führt er das *Interpolationsproblem* an, das vor allem im Unterricht eine Rolle spielt, wenn alle bedeutsamen Kategorien bereits vorhanden sind, aber eine Undeutlichkeit bezüglich deren Schärfe vorhanden ist. Dörner grenzt außerdem *Syntheseprobleme* von *Dialektische Problemen* ab, weil sich diese beiden besonders gut für die projektorientierte Unterrichtsform eignen. Unter einem Syntheseproblem versteht er eine eindeutig definierte Ausgangssituation, der ein eindeutiges Ziel gegenübersteht, allein die Mittel zum Erreichen des Ziels fehlen. Als dialektisches Problem sieht er eine prinzipielle Grundlagenforschung an, bei der zuerst der Probleminhalt ohne bereits erlangte Vorkenntnisse erforscht werden muss. (siehe Seminaraufzeichnungen „Projektlernen" im Sommersemester 2004, aufgeführt unter Gliederungspunkt „Problemarten nach Dörner": 25)

Im nun folgenden Abschnitt soll ein Grobkonzept eines Projekts zum Thema „Mathematische Paradoxien und ihre Bedeutung" vorgestellt werden, dass sich eng an den eben diskutierten theoretischen Grundlagen für eine erfolgreiche Projektgestaltung orientiert.

6.2   Ein Entwurf eines möglichen Projekts

Gewöhnlich wird die Vorstellung der Themen einer Projektwoche an der Schule so gehandhabt, dass alle Projekte durch die sie anbietenden Fachlehrer per Aushang angekündigt werden. Durch die Vielzahl der Aushänge sollen die Lernenden der Schule einen groben Überblick über die angebotenen Projektthemen erhalten. Außerdem sollen durch den lehrereigenen, zumeist besonders aufwendig gestalteten Aushang, selbst genügend Schüler geködert werden, um das eigene Projekt auch tatsächlich anbieten zu können. Das weitere Vorgehen ist dann so, dass sich interessierte Lernende, die nicht selten ihre Auswahl zu Recht nach eigenen Stärken und Sympathiegesichtspunkten für einen bestimmten Lehrer treffen, dann beim zuständigen Fachlehrer melden und dort verbindlich anmelden.

Neben der obligatorischen Werbung des Fachlehrers in den Zielklassen könnte für den im Folgenden vorgestellten Projektentwurf folgender Aushang den gewünschten Erfolg in Form eines großen Schülerinteresses bewirken:

Projekt „Mathematische Paradoxien und ihre Bedeutung"

Laut einer aktuellen Statistik verbinden die meisten Menschen im täglichen Leben Mathematik ausschließlich mit abstrakten Formeln sowie unsinnigen und umständlichen Lösungswegen. Drei Viertel der Befragten gaben allerdings auch an, Knobeleien wie Kreuzworträtsel, Trugbilder und alle Arten von Rätseln gern zu machen.

Die Fernsehsender tm3, dsf u.v.m. verzeichnen hohe Einschaltquoten, wenn sie den ganzen Tag lohnende Gewinne für das Lösen interaktiver Rätsel (häufig auch mit mathematischem Bezug) in Aussicht stellen.

85% aller Schulabgänger von Mittelschulen und Gymnasien sind am meisten darüber froh, „nie wieder Mathematik zu haben." Trotzdem boomen die PISA-Show auf ARD und die IQ-Show auf RTL, obwohl gerade da mathematisch-naturwissenschaftliche Aufgaben eine große Rolle spielen.

Worin ist das negative Ansehen der Schulmathematik zu begründen?
Warum begeistern sich so viele für mathematische Rätsel?
Was sind das für Rätsel, die so hochgradig interessant sind?

Wir wollen uns einer ganz bestimmten Art „mathematischer Rätsel" zuwenden. Man bezeichnet sie als Mathematische Paradoxien. Ein bekanntes Beispiel ist das Geburtstagsparadoxon:

Wie viele Menschen sind nötig, um darauf wetten zu können, dass mindestens zwei von ihnen am selben Tag Geburtstag haben?

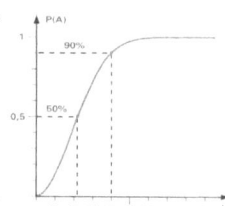

Wer würde schätzen, dass schon 23 Menschen ausreichen?

Solche auf den ersten Blick überraschenden mathematischen Sachverhalte sollen im Projekt beleuchtet und mathematisch begründet werden. Dazu werden wir eine Vielzahl von Paradoxien suchen, deren Problemgehalt analysieren und untersuchen, worin der Reiz dieser nüchtern betrachtet „mathematischen Aufgaben" liegt!

Interessenten der 9. und 10.Klassen melden sich bitte bis spätestens drei Wochen vor Beginn der Projektwoche beim zuständigen Fachlehrer Herr Dietz, da noch eine Vorbesprechung stattfinden wird.

Das hier konzipierte Projekt ist also für die Klassenstufen neun und zehn vorgesehen, da Grundkenntnisse vor allem im stochastischen Bereich vorhanden sein müssen, i. e. der sichere Umgang mit dem Baumdiagramm, den Pfadregeln, den Grundbegriffen Ereignis und Gegenereignis. Auch die Methode der Simulation von Zufallsversuchen sollten die Lernenden kennen und sie anzuwenden in der Lage sein. Die Teilnehmerzahl sollte zwanzig nicht überschreiten, aber es auch schon möglich mit acht bis zehn versierten Schülern das Projekt sinnvoll zu gestalten.

Die bereits im Aushang angekündigte Vorbesprechung ist die vorgezogene *Phase der Projektinitiierung*. Grund für die Besprechung, die für alle Teilnehmer obligatorisch etwa zwei Wochen vor der eigentlichen Projektwoche an einem Nachmittag nach Unterrichtsende stattfindet, ist das optimale Ausnutzen der Projektzeit. Ziel der Vorbesprechung soll es nämlich sein, neben dem Überblick über alle Teilnehmer, die sich so auch schon vorher selbst kennen lernen, vor allem Aufgaben zu verteilen, die bis zum Beginn der Projektwoche zu erledigen sind. Der Lehrer stellt dazu zwei oder drei Paradoxien vor, um die Schüler zu motivieren und ein Interesse sowohl für die nahende Projektwoche als auch für die Erledigung der gestellten Aufgaben zu schüren. Es bieten sich einfache, aber besonders faszinierende Sachverhalte an. So könnte noch einmal das Geburtstagsparadoxon herangezogen werden, dass nun in einem Lehrer-Schüler-Dialog mathematisch erklärt wird. Potentiell mögliche Paradoxien sind aber auch das Ziegenproblem, das zumindest über das durch den Lehrer zur Verfügung gestellte und in dieser Arbeit schon im Kapitel vier genutzte Baumdiagramm erklärt werden kann oder das Bandproblem, bei dem der um einen Meter verlängerte Umfang einer Kugel, unabhängig vom Radius derselben, immer zu einem Abstand des Bandes von rund 16cm von allen Stellen des Äquators der Kugel führt. Dieses faszinierende Paradoxon kann sowohl empirisch belegt werden, indem man z.B. dem Umfang eines Tischtennisballes mit einem Faden misst und um einen Meter verlängert oder dasselbe Experiment mit einem Strick an einem deutlich größeren Fußball durchführt und erkennen wird, dass der Abstand des verlängerten Fadens bzw. Stricks vom Äquator der Kugel bei beiden gleich, nämlich rund 15,9cm ($=\frac{1m}{2\pi}$) ist.

Erklärt werden kann dieser paradoxe Sachverhalt z.B. rechnerisch folgendermaßen, wenn man annimmt, dass der um einen Meter verlängerte Umfang einer Kugel den Radius r um x verlängert:

$$U = 2\pi * r$$
$$U + 1m = 2\pi(r + x) \Leftrightarrow U + 1m = 2\pi * r + 2\pi * x \Leftrightarrow U + 1m = U + 2\pi * x \Leftrightarrow$$
$$1m = 2\pi * x \Leftrightarrow x = \frac{1m}{2\pi}.$$

Damit wird deutlich, dass das Projekt nicht nur stochastische Paradoxien wie bisher, sondern auch Paradoxien aus anderen Bereichen beinhalten soll. Nachdem nun einzelne ausgewählte Beispiele für die Paradoxien erklärt wurden und die Lernenden zumeist erstmalig mit dieser Thematik konfrontiert wurden, sofern sie nicht durch die zuständigen Fachlehrer schon einmal damit in Berührung gekommen sind, soll der Begriff zur exakten Verwendung definiert werden. Dazu sollen die Schüler unter dem Eindruck der gerade erst kennen gelernten Paradoxien versuchen, selbst eine Begriffsklärung zu finden. Vielleicht werden die Lernenden dabei erstmals fächerübergreifend tätig, in dem sie sich auf die Begriffsbeschreibung des ihnen aus dem Deutschunterricht bekannten Stilmittels Paradoxon stützen. Ansonsten muss der Lehrer ihnen helfen, indem er Paradoxa als Sachverhalte definiert, die der Erwatung scheinbar zuwiderlaufen. Diese exakte Begriffserklärung ist vonnöten, um bei der nun folgenden Auftragsvergabe an die Lernenden keine Missverständnisse aufkommen zu lassen.

Die Lernenden erhalten nämlich die Aufgabe, bis zum ersten Treffen im Rahmen der fünftägigen Projektwoche selbst in Einzel- oder Gruppenarbeit nach diversen Paradoxien zu recherchieren, diese zu notieren, auszudrucken und dann mitzubringen sowie sich Gedanken darüber zu machen, was sie sich vom Projekt erwarten und welche inhaltlichen Punkte sie für wesentlich halten, die also in der Projektdurchführung unbedingt mit aufgegriffen werden müssen.

Davon erhofft sich der Lehrer ein relativ offenes Projektlernen, da die dem Projekt untergeordneten Teilprobleme weitgehend offen und subjektiv auslegbar sind. So wird es nicht jedem Schüler gelingen, für sich selbst eine Vorstellung zu schaffen, was ihn in dem Projekt erwartet, während andere ganz zielstrebig eine Vielzahl von Paradoxien zum ersten Treffen im Rahmen der Projektwoche gesammelt haben werden. Andere werden sich fragen, warum paradoxe Phänomene solch einen Reiz auch auf die eigene Person aus übt und wieder andere wollen im Projekt geklärt haben, wie derartige verwirrende Sachverhalte überhaupt entstehen können. Zum anderen ist die Thematik wie bereits angedeutet für die meisten vollkommenes Neuland, so dass nach Dörner das gestellte Problem für das Projekt nur ein dialektisches sein kann. Es geht darum, den vielfältigen Kontext von mathematischen Paradoxien facettenreich zu beleuchten und so zum einen das Zustandekommen und Lösen der Paradoxien mathematisch einwandfrei zu klären aber auch Betrachtungen anzustellen, was den Reiz dieser Sachverhalte ausmacht und wie Paradoxien überhaupt erst entstehen. Sicherlich kann bei diesen Zielen auch ein Seitenblick darauf gewagt werden, ob und inwiefern Paradoxien im Mathematikunterricht der Lernenden bisher eine Rolle gespielt haben und ob es sinnvoll wäre, dass sie in Zukunft womöglich eine andere Rolle spielen.

Zwei Wochen später am ersten Tag der Projektwoche kann nun die erste Phase der Projektinitiierung abgeschlossen und die zweite Phase des Projekts, die *Stufe der gemeinsamen Planung* starten. Dazu soll zuerst rückgekoppelt werden, was seit der Vorbesprechung passiert ist. Die Lernenden sollen dabei in einem Stuhlkreis in einer Diskussionsrunde darüber sprechen, was sie in den zwei Wochen unternommen haben, um Material zum Thema „Mathematische Paradoxien" zu sammeln, was dabei für Probleme aufgetreten sind, und welche inhaltlichen Vorstellungen zur Projektgestaltung in ihnen gereift sind. Der Lehrer übernimmt dabei eine Moderationsfunktion. Er lässt sich aber von den Ideen der Lernenden inspirieren und gegebenenfalls strukturiert er auch seine vorläufige Projektplanung noch einmal um, um den Interessen der Lernenden mehr gerecht zu werden. Falls die Schüler im wohl wahrscheinlicheren Fall weniger konstruktive eigene Ideen für die Projektgestaltung mitbringen, wird der Lehrer im Anschluss das Konzept des Projektes vorstellen, immer unter der Maßgabe, dass auch im Laufe der Projektarbeit noch Änderungen vorgenommen werden können.

Vorgesehenes Grobkonzept könnte folgendes sein:

Projekttage	Inhaltliche Ziele
Montag	-Diskussion und Auswertung der vorbereitenden Arbeit in der Form eines Stuhlkreises -Vorstellung Grobkonzept des Projektes durch Lehrer -Erläuterung der Gruppenarbeit + Einteilung der Gruppen zur Analyse von Paradoxien in den verschiedenen mathematischen Bereichen -Gruppenarbeitsphase -Auswertung der Gruppenarbeit und anschließender Ausblick auf nächsten Tag

Dienstag	-Durchführung einer Befragung an der Schule zur Thematik: Ist ein Paradoxon wirklich für alle gleichermaßen paradox? *oder* Wie reizvoll sind mathematische Paradoxien für den Unterricht oder im täglichen Leben? *oder...* -anschließend Auswertung und Deutung der Ergebnisse
Mittwoch	-Formulierung der Zielstellung für Projektabschluss -Vorbereitung der möglichen Artikel für eine Projektzeitung oder einer Homepage zum Thema
Donnerstag	-Exkursion ins Hygienemuseum in die „Sonderausstellung Spielen" -Führung unter dem Schwerpunkt „Faszination Mathe" -anschließend Diskussion zur Führung, zu den ausgestellten Paradoxien, zum Reiz mathematischer Spiele mit der Führungskraft
Freitag	-abschließende Zusammenstellung der Ergebnisse -Projektabschlusses durch Sicherstellung der Ergebnisse -Reflexion über Geleistetes, Zukünftiges und Projekt an sich zur Reflexion für den Lehrer

Im Anschluss an die Vorstellung des Grobkonzeptes wird nun die Aufgabe gestellt, das von den Schülern gesammelte Material zu strukturieren. Damit hat das Projekt bereits die dritte *Stufe der Ausführung* erreicht. Dazu sollen die Lernenden die Paradoxien sammeln und ordnen nach:

- Stochastischen und statistischen Paradoxien
- Geometrische Paradoxien
- Paradoxien der Algebra
- Paradoxien aus anderen Gebieten.

Die Schüler werden also in vier Gruppen etwa gleicher Größe eingeteilt und beschäftigen sich mit einem der vier Kategorien, indem sie alle eigen gesammelten Paradoxien zu diesem Bereich und die Paradoxien anderer Schüler, die ebenfalls zu ihrem Bereich gehören, analysieren, und mathematisch, sofern noch nicht vorhanden, zu klären versuchen. Damit nicht die Gruppe, die sich mit den stochastischen Paradoxien beschäftigt, überhäuft wird mit Material und die anderen gar keine Paradoxien haben, stellt der Lehrer aus seinem Fundus für jede Gruppe zumindest zwei Paradoxien zur Verfügung. Das könnte im für die Gruppe der stochastischen Paradoxien Literatur zum Geburtstagsparadoxon, für das Ziegenproblem oder auch für Ankunfts- und Verteilungsprobleme sein. Im Bereich der geometrischen Paradoxien kann das das Bandproblem für Kugeln oder auch Quadrate sein, aber auch eine Vielzahl von Trug- und Zerrbildern den Schülern zur Analyse zu übergeben, ist möglich.

Ein algebraisches Paradoxon könnte dagegen das Paradoxon des frustrierten Skifahrers sein, der den 5km/h schnellen Skilift benutzt und möglichst viele Abfahrten genießen möchte, es aber niemals schaffen wird, so schnell abzufahren, dass er wenigstens eine Durchschnittsgeschwindigkeit von 10km/h aufweisen kann. (Vorlesungsaufzeichnungen „Paradoxien im Mathematikunterricht" im Sommersemester 2004: aufgeführt unter dem Namen „Der frustrierte Skifahrer": 9) Eine Möglichkeit ist es auch, die Anekdote zur Erfindung des Schachspiels zur Verfügung zu stellen, bei der das Schachbrett so mit Weizenkörnern bedeckt werden sollte, dass auf dem ersten Feld ein Weizenkorn, auf dem nächsten das Doppelte, also zwei, auf dem dritten vier und so weiter, damit auf dem 64. Feld also 2^{63} Weizenkörner liegen sollten. Die wenigsten würden trotz des bekannten Verfahrens zur Bedeckung des Schachbrettes annehmen, dass allein zur Bedeckung des 64. Feldes soviel Weizen nötig sei, als wie wenn man das gesamte Festland der Erde 1cm hoch mit Weizen bedecken würde.

Im Bereich der Paradoxien aus anderen Bereichen können z.B. Paradoxien der Logik, unter anderem also das Barbierproblem eine Rolle spielen. Aber es ist auch gut möglich, Aussagen von Falschfamilien, die also immer lügen, mit denen von Wahrfamilien, die niemals lügen, vergleichend zu analysieren.

Nun kann die Gruppenarbeit beginnen, die jeweilige Gruppe beschäftigt sich mit den ihnen zugeteilten Paradoxien, gegebenenfalls muss eine Auswahl getroffen werden, welche Paradoxien betrachtet werden, damit etwa alle Gruppen zugleich nach anderthalb bis zwei Zeitstunden ihre Arbeit beenden können. Inmitten der Gruppenarbeitsphase obliegt es der Organisation der Gruppe eine Pause einzulegen, sofern durch deren frei zu wählende Länge das Gruppenergebnis nicht gefährdet ist. Der Lehrer steht dabei als Experte allen Gruppen gleichermaßen für Rückfragen zur Verfügung, gibt Tipps, wo der mathematische Kniff liegen kann, das Paradoxon zu erklären, zumeist wird es aber in der Literatur schon mathematisch fundiert erläutert sein.

Ist die Gruppenarbeitsphase abgeschlossen, eventuell muss der Lehrer mehr Zeit einräumen oder kann eher abbrechen, stellen die Gruppen ihr jeweiliges Gruppenergebnis vor, indem jede Gruppe also ein bis zwei ausgewählte Paradoxien ihres gewählten Bereichs in frei wählbarer Form (Folie, Tafel etc.) darstellt und mathematisch deutet. Somit werden alle Schüler auf denselben Kenntnisstand gebracht und informiert, was die anderen Gruppen in der Gruppenarbeitsphase geschafft haben. Zeit für Rückfragen zu den jeweiligen Ergebnissen steht jetzt freilich zur Verfügung, zudem ergänzt der Lehrer, wenn dies notwendig wird, oder erklärt eine Paradoxie zusätzlich aus einem anderen Blickwinkel. Dazu ist es wichtig, als Lehrer darauf hinzuweisen, dass der Reichtum an paradoxen Sachverhalten besonders im stochastischen Bereich nahezu unbegrenzt ist. Man könnte dann der Frage nachgehen, warum gerade die Wahrscheinlichkeitsrechnung so viele Phänomene bietet.

Die Vielzahl der neuen und interessanten paradoxen Phänomene birgt jede Menge Diskussionsstoff, an dessen Klärung in dieser Projektphase nicht gespart werden darf. Schließlich bilden die Gruppenergebnisse des ersten Tages eine wesentliche Grundlage für die Erarbeitung des Projektabschlusses. Es kann also vorkommen, dass der erste Projekttag schon bis zu sechs oder sieben Zeitstunden in Anspruch nimmt, dafür sind aber an den nächsten Tagen immer wieder Zeitfenster gegeben, in Abhängigkeit von der Mitarbeit der Projektteilnehmer, auch einmal eher Schluss zu machen. Darauf werden die Lernenden auch hingewiesen, um deren Motivation weiterhin hochzuhalten.

Zum Abschluss des ersten Projekttages wird nun noch der Ausblick auf den zweiten Tag gewagt, an dem die Lernenden wieder die Möglichkeit haben, selbst mit zu bestimmen, welche inhaltlichen Aspekte sie gern im Laufe des Projekts behandelt haben möchten. Gern können dies auch Fragen sein, die nicht nur durch den Mathematikunterricht allein, sondern erst durch das Zurückgreifen auf wesentliche Erkenntnisse anderer Gesellschaftswissenschaften wie Soziologie und Psychologie geklärt werden können. Dazu könnte durch eine Befragung an der Schule die Frage geklärt werden, ob eine Paradoxie wirklich für alle gleichermaßen paradox ist?! Da sich die Projektteilnehmer am ersten Tag selbst von deren Wirkung auf sie selbst und andere überzeugen konnten, ist es nun möglich die am besten geeigneten Paradoxien, die keiner langen Erklärung bedürfen, beispielsweise das Geburtstagsparadoxon oder das Ziegenproblem heranzuziehen, und an der Schule ebenfalls anwesende Teilnehmer anderer Projekte darüber zu befragen. Dazu könnten Schätzwerte der „unwissenden Befragten" notiert oder Fragen gestellt werden, ob der Befragte das Paradoxon oder andere kennt und ob es ihn reizt bzw. ob für ihn die tatsächliche Lösung wirklich paradox oder eher logisch ist. Der Schüler hat dabei auch die Möglichkeit,

Fragen zu Paradoxien zu stellen, die er persönlich im Rahmen des Projekts klären möchte, sofern er diese vorher mit dem Lehrer abgesprochen hat.

Im Anschluss an die Befragung finden sich alle Projektteilnehmer zu einer Auswertung zusammen. Dabei schildern die Interviewer ihre Eindrücke und es sollte festgehalten werden, was die bedeutenden Erkenntnisse des Tages sind. So kann z.B. entdeckt worden sein, dass für den einen paradoxe Sachverhalte nicht nachvollziehbar, für den anderen aber glasklar waren und damit längst nicht ein unter dem Begriff einer mathematischen Paradoxie kennen gelernter Sachverhalt für alle gleichermaßen paradox ist. Als entscheidende Parameter zur Bewertung, ob etwas paradox ist oder nicht, könnten demnach das Alter und mathematische Kenntnisse und Fähigkeiten geltend gemacht werden.

Der dritte Projekttag ist sehr offen geplant. Das liegt daran, dass an diesem Tag die Grundlagen dafür geschaffen werden sollten, das Projektergebnis des 5.Tages sicherzustellen. Dadurch ist dieser Projekttag durch den Übergang der Stufe der Ausführung in die letzte Stufe der *Stufe der Sicherung der Ergebnisse* charakterisiert.

Ziel des dritten Tages ist es, sich darauf zu einigen, in welcher Form ein Ergebnis möglichst vielen an der Schule zugänglich gemacht werden kann. Mögliche Formen wären der Entwurf und die Gestaltung einer Homepage, die ja auch unentgeltlich in kleinerem Rahmen angelegt werden kann, oder eine kleine Zeitung, die als Beilage in der nächsten Ausgabe der ansässigen Schülerzeitung die Ergebnisse des Projekts präsentiert. Entsprechend den Neigungen und Fähigkeiten der Schüler wird an diesem Tag der Grundstein dafür gelegt, dass das Projekt am Freitag auch zeitlich abgeschlossen werden kann. Deswegen bereiten die Gruppen vom ersten Projekttag Beiträge für eine Homepage oder eine Zeitung vor, in denen Paradoxien aus deren zuständigen Bereich vorgestellt und für eine breite nicht am Projekt teilhabende Menge anschaulich aufbereitet und erklärt werden. Angenommen, die Projektteilnehmer einigen sich auf das Erstellen einer Homepage, so sollten in diesem Bereich bereits erfahrene Schüler die Page vorbereiten und schon grob gestalten. Die anderen Projektteilnehmer müssen dagegen die ausreichende inhaltliche und formelle Qualität der verfassten Beiträge sicherstellen. So könnte eine Homepage so gestaltet sein, dass neben einer Startseite, auf der der Begriff Paradoxie definiert wird, Links zu Paradoxien aus den verschiedenen thematischen Bereichen als Gruppenergebnisse, zu den Ergebnissen der Befragung am 2.Projekttag, zur Vorstellung der Projektgruppe, ein Forum etc. existieren.

Leer bleibt noch ein Link für den vierten Projekttag, den Fotos und ein kleiner Bericht zur Exkursion noch nachträglich am letzten Projekttag füllen werden. An diesem dritten Projekttag sollte also eine mögliche Homepage soweit vorbereitet werden, dass am übernächsten Tag nur noch ein die Exkursion auswertender Bericht folgt und nur noch kleine Details geändert werden müssen.

Am vierten Tag unternimmt die Projektgruppe eine Exkursion ins Hygienemuseum in die Sonderausstellung zum Thema „Spielen. Die Ausstellung." Dazu ist anzumerken, dass eine Führung unter dem thematischen Schwerpunkt „Faszination Mathematik" gebucht wurde, die sich nach vorheriger Absprache des Lehrers mit der zuständigen Führungskraft besonders paradoxen Phänomenen, die auch in der Ausstellung Platz gefunden haben, widmet.

Da dieser Arbeit ausgewählte Auszüge solch einer paradoxie-orientierten Führung des Hygienemuseums vorliegen, soll ein kleiner Einblick gewagt werden, welche Inhalte mit den Projektteilnehmern dann vor Ort diskutiert werden könnten:

Bsp. Sterndeuteranekdote:

Anekdote vom Sternendeuter

Ein Sternendeuter erzürnte einmal seinen Herrscher, worauf dieser ihn köpfen wollte. Doch der Herrscher besann sich eines besseren und gab ihm eine letzte Chance:

Er gab ihm 2 Urnen, 2 weiße und 2 schwarze Kugeln und die Maßgabe, selbstständig die Kugeln so auf die 2 Gefäße zu verteilen, dass er danach eine der beiden Urnen auf gut Glück wählen sollte, um daraus eine Kugel zu ziehen.
Sie diese Kugel dann weiß, so sei der Sternendeuter gerettet, anderenfalls müsste er mit dem Tode büßen.

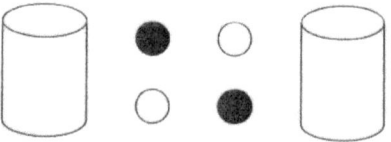

und deren Lösung:

1. Fall: -gleichmäßige Verteilung der weißen Kugeln auf die beiden Gefäße

Wahrscheinlichkeit zu überleben:
$$0,5 * 0,5 \quad + \quad 0,5 * 0,5 \ = \underline{0,5}$$

---

2. Fall: -ungleichmäßige Verteilung der weißen Kugeln auf die beiden Gefäße folgender Art:

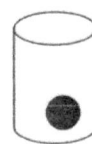 

Wahrscheinlichkeit zu überleben:
$$0,5 * 0 \quad + \quad 0,5 * \tfrac{2}{3} \ = \ \underline{\tfrac{1}{3}}$$

---

3. Fall: -ungleichmäßige Verteilung der weißen Kugeln auf die beiden Gefäße folgender Art:

Wahrscheinlichkeit zu überleben:
$$0,5 * 1 \quad + \quad 0,5 * \tfrac{1}{3} \ = \ \underline{\tfrac{2}{3}}$$

Oder ein anderes Beispiel, die Würfelschlange, die im Rahmen dieser Arbeit oft genug Blickpunkt war:

Auch das Ziegenproblem, das im Rahmen der Führung gestellt wird, kann noch einmal diskutiert werden und mit Hilfe der folgenden möglichen drei Fälle aufgeklärt werden:

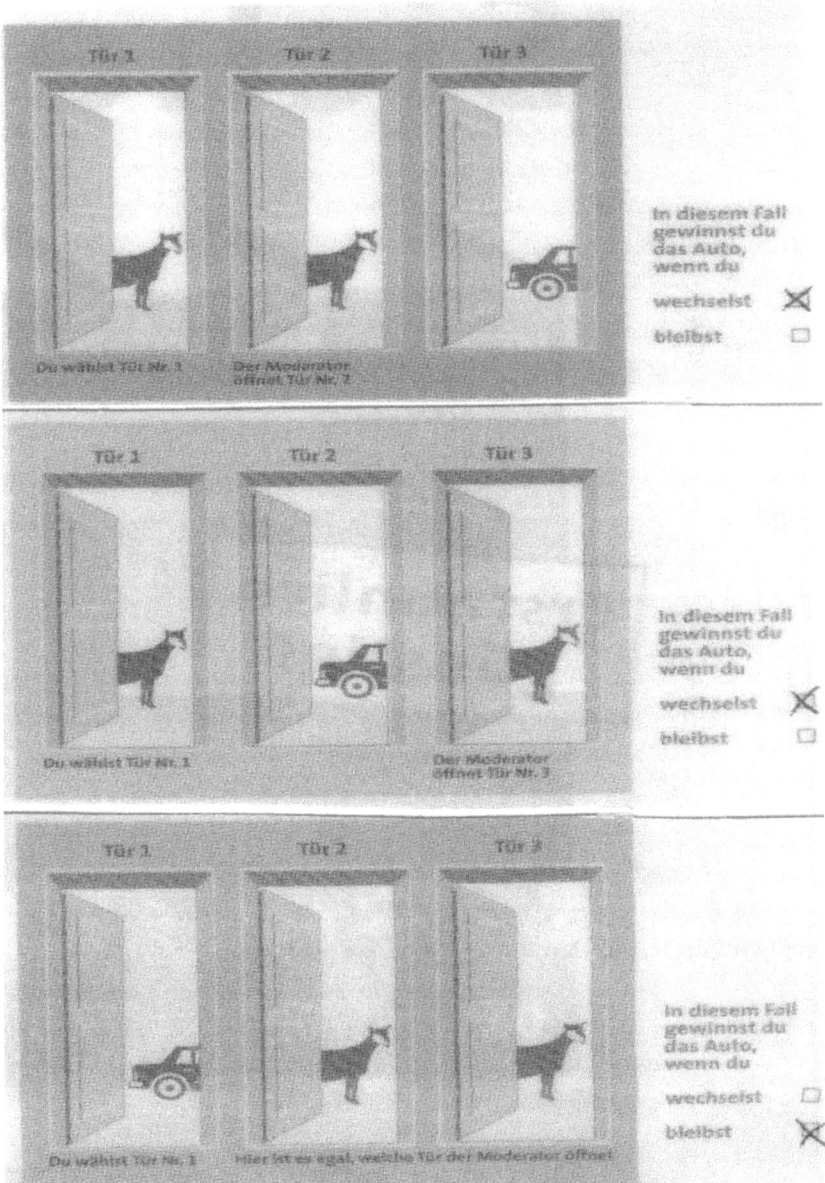

Mit Hilfe dieses kleinen Einblickes in den Inhalt der Führung wird schnell klar, dass dieser vierte Projekttag fernab vom gewöhnlichen Schulgeschehen einen schönen vorfristigen Abschluss und Höhepunkt des Projektes schafft.

Die zeitliche Belastung durch die Exkursion in unmittelbare Nähe bleibt somit stark begrenzt, zumal die Lernhaltigkeit und der Zweck, den Lernenden einen vertiefenden Überblick über die Projektwoche zu bieten, sie abschließend vielfältige Zusammenhänge dieser Thematik aus einem anderen Blickwinkel erleben zu lassen, vollends gesichert werden. Nun bietet sich nicht zu jeder Zeit die Möglichkeit einer Exkursion in eine Ausstellung, die auch nur für eine bestimmte Zeit im Dresdner Hygienemuseum weilt. Aber auch aus Gründen der Aktualität würde das Projekt nicht umhin kommen, die sich mit dem Projektthema stark befassende Ausstellung nicht zu besuchen. Möglich wäre es aber sicher auch, im mathematisch-physikalischen Salon im Dresdner Zwinger eine Führung zu bestellen, die zumindest am Rande dem Projektthema gerecht werden kann.

Am letzten fünften Projekttag wird nun noch der Bericht zur Führung im Hygienemuseum eingefügt und die mögliche Homepage fertig gestellt. Denkbar wäre es auch, dazu einen Aushang zu machen, um auch den Rest der Schülerschaft auf das Projekt und dessen Ergebnisse aufmerksam zu machen und sie über die Adresse der Homepage zu informieren.

Nun bleibt nur noch offen, das Projekt gemeinsam mit den Lernenden auszuwerten und zu reflektieren. In einem neuerlichen Stuhlkreis könnte so auch der Rahmen zu dem Zeitpunkt gespannt werden, als am ersten Tag das Projekt begann, in eben einem solchen Stuhlkreis. Die Lernenden sind dazu aufgefordert, dem Lehrer ein Feedback zu geben, was sie als gelungen empfanden haben, und was sie selbst gern anders gemacht hätten. Im Rahmen des Stuhlkreises sollte auch in gemütlicher Atmosphäre, womöglich mit einem vom Lehrer als Dankeschön für die fleißige Mitarbeit spendierten gemeinsamen Frühstück, reflektiert werden, was jeder Schüler selbst aus dem Projekt mitnimmt. Vielleicht taucht so auch der Wunsch des einen oder anderen auf, öfter auch im Mathematikunterricht mit derartigen faszinierenden paradoxen Phänomenen konfrontiert zu werden. Diesen Wunsch erzeugt zu haben, könnte dann auch als großer Erfolg des Projekts bewertet werden.

Nachdem nun in den letzten beiden Kapiteln untersucht wurde, inwiefern der Schulalltag einen geeigneten Rahmen für den Einsatz von Paradoxien bietet, und wie Paradoxien in den Unterricht eingebracht werden können, soll zum Abschluss dieser Arbeit noch eine Zusammenfassung zur großen Thematik „Stochastische Paradoxien und ihre Bedeutung für das Unterrichten von Mathematik" gegeben werden. Darin soll auch ein kleiner Ausblick auf die zukünftige Rolle von Paradoxien im Schulalltag gewagt werden.

7.   Resümee und Perspektiven

Die vorliegende Arbeit wurde bewusst in mehrere, einander direkt in Zusammenhang stehende, große Abschnitte geteilt. Ziel war es, dadurch möglichst umfassend und einleuchtend alle wichtigen Parameter zu betrachten, die den Einsatz von Paradoxien im Mathematikunterricht unterstützen oder hemmen.

Eine empirische Untersuchung über die Ansichten und Positionen zur behandelten Thematik sowie die subjektiv empfundene Problematik im Umgang mit mathematischen Paradoxien aus der Sicht praktizierender Gymnasial- und Mittelschullehrer hat aufgezeigt, dass für viele Lehrer eigene Scheu, zu wenig angebotene Paradoxien in Lehrbüchern, aber vor allem auch großer Zeitmangel die wesentlichen Faktoren sind, paradoxe Sachverhalte gar nicht oder nur wenig zu behandeln.

Parallel zu dieser Befragung sind der alte und neue gymnasiale Lehrplan für Mathematik in Sachsen und diverse Schullehrbücher auf das Vorhandensein von paradoxen Phänomenen analysiert worden. Dabei wurde deutlich, dass vor allem der alte Lehrplan und die große Masse der Lehrbücher, Paradoxien komplett auslässt. Positiv ist dagegen zu bewerten, dass im neuen Lehrplan erstmals Paradoxien auch namentlich erwähnt sind (so unter anderem das Ziegenproblem, lügende Statistiken und geometrische Trug- und Zerrbilder), und so stärker fokussiert werden müssen. Auch Schullehrbücher ausgewählter Verlage, dabei vor allem solche jüngeren Erscheinungsdatums, widmen sich dieser Thematik nun vermehrt. Sicherlich kann nicht jedes Paradoxon in jeder Klassenstufe behandelt werden, dafür fehlen jüngeren Lernenden einfach die notwendigen mathematischen Kenntnisse. Vor allem aber in der

Sekundarstufe II, wo jeder Lernende von einem gewissen mathematischen Fundament zehren kann, sollten daher Paradoxien verstärkt Anwendung finden.

Ein positiver Trend zu einer größeren Wertschätzung paradoxer Sachverhalte im Unterricht ist erkennbar. In die Karten spielt den Paradoxien dabei vor allem der neu strukturierte Lehrplan und die Umgestaltung vieler Schullehrbücher im Zuge der erschreckenden Ergebnisse der Pisa – Studien 2000 und 2003. Die Suche nach praxisnahen, anwendungsorientierten und die in der Industrie gewünschten Schlüsselqualifikationen ausbildenden Fragestellungen soll die veraltete, oft viel zu realitätsferne und abstrakte Aufgabenkultur reformieren. Und es hat sich auch einiges getan. Der bewusste Einsatz von Paradoxien, die einen langwierigen Lernprozess zwangsläufig begleiten, scheint mehr und mehr sinnvoll.

Wenn in einer achten Klasse der Begriff „Tangente" als eine Gerade definiert wird, die den Kreis in genau einem Punkt berührt, so muss der Lehrer darauf in einem Kurs der Sekundarstufe II darauf Bezug nehmen, wenn er dort den Begriff Tangente in einem anderen Kontext gebraucht. Klärt nämlich der Lehrer nicht auf, dass unter einer Tangente in der Sekundarstufe II eine Schmieggerade verstanden wird, die das Verhalten einer Kurve an einem bestimmten Punkt am besten beschreibt und damit sehr wohl wie z.B. bei der Funktion $f(x) = x^3$ zwei oder mehr gemeinsame Punkte mit dem Graphen der Funktion haben kann, so führt dies bei den Lernenden unweigerlich zu einer Paradoxie. Und solch eine den Schülern nicht aufgezeigte und dadurch auch nicht aufgelöste Paradoxie kann den gesamten Lernprozess eines Jugendlichen hemmen und ihn der Freude am Umgang mit der Mathematik berauben.

Da wenige Erfahrungen mit dem Einsatz von Paradoxien im Unterricht existieren und sich wenige Lehrer bisher überhaupt mit dieser Thematik beschäftigt haben, muss festgehalten werden, dass nur vielfältige Angebote für den Lehrer einen vermehrten Einsatz von Paradoxien im Mathematikunterricht begünstigen. Damit sind vor allem das Lehrmaterial an einer Schule, aber auch Lehrerweiterbildungsangebote und der eigene Fleiß jedes eigenen Lehrers gemeint.

Die zahlreichen, im Kapitel vier vorgestellten Paradoxien sollten dann einen kleinen Einblick in die Fülle mathematischer Paradoxien, vor allem im angesprochenen stochastischen Bereich, bieten und deren mathematischen Kern beleuchten. Sicherlich kann dieses große

Kapitel vier dieser Arbeit daher als Angebot und nachdrückliche Aufforderung verstanden werden, paradoxen Sachverhalten mehr Raum im Mathematikunterricht einzuräumen.

Anschließend bot diese Arbeit in den Kapiteln fünf und sechs teils grobe, teils präzisere Vorschläge zu einer Einbindung von Paradoxien in den Mathematikunterricht. Dabei fiel es oftmals schwer, diese Vorschläge genau zu konzipieren, weil zu wenige Erfahrungen im Umgang mit paradoxen Sachverhalten im Unterricht existieren. Eine Paradoxie dabei den Schülern als Brocken hinzuwerfen, auf dass sie diesen auch vertilgen, oder das Ziegenproblem am Ende der Unterrichtsstunde kurz abzuhandeln, erfüllt dabei in keiner Weise das geplante didaktische Anliegen eines Lehrers. Deswegen steht fest, dass Paradoxien kaum in Form von gestellten Hausaufgaben als vielmehr inmitten des Unterrichts behandelt werden sollten. Eine Paradoxie, die selbstredend nicht für alle Schüler gleichermaßen paradox sein muss, Lernenden als Hausaufgabe zu stellen, führt in den meisten Fällen wohl nur zu Frust und Enttäuschung eines Schülers, weil er in der Selbstbeschäftigung mit der Thematik nicht vom Lehrer gelenkt werden, und so auch nur in den wenigsten Fällen ein Erfolgserlebnis durch das Aufklären der Paradoxie verbuchen kann. Sinnvoll eine Paradoxie im Unterricht einzusetzen, kann also nur dadurch erfolgen, dass der Lehrer gemeinsam mit den Schülern den Problemgehalt erarbeitet, die Schüler gegebenenfalls den Problemgehalt selbst entdecken und spüren lässt und im Wissen des Kenntnisstandes der Schüler den Lernprozess so gestaltet, dass jeder individuelle Erfolgserlebnisse verbuchen kann.

Dabei ist auch darauf zu achten, sowohl leistungsstärkeren Schülern, die das Paradoxon womöglich selbst aufklären können, durch eine anspruchsvollere oder weiterführende Aufgabe zu diesem Sachverhalt als auch schwächeren Schülern durch eine sehr angepasste, eventuell sogar stark lenkende, hinführende Rolle des Lehrers Rechnung zu tragen. Denn die gesamte Klasse soll die Paradoxie so abhandeln können, dass sich jeder einzelne Lernende zwar herausgefordert, aber nicht überfordert fühlt. Freilich kann dann auch einmal eine Hausaufgabe erteilt werden, die auf weiterführende Betrachtungen oder Berechnungen zu einem Paradoxon abzielt, aber der mathematische Problemgehalt muss inmitten eines didaktisch sinnvoll geplanten Unterrichtsprozesses eingebettet sein. Lohnend erscheint auch, ein ganz bestimmtes Paradoxon aus vielerlei Perspektive zu beleuchten, denn immer dann, wenn neues stochastisches Werkzeug erlernt wurde, kann dies zur Erklärung des Paradoxons mit verwendet werden und so zunehmend mehr und mehr Zweifler in den Reihen der Schüler überzeugen.

Dabei kann das Einbringen von Paradoxien auf vielfältige Art und Weise geschehen. Sowohl im gewöhnlichen als auch im Projektunterricht können Paradoxien betrachtet werden. Der in den neuen Lehrplänen eingeführte Wahlpflichtbereich jeder Klassenstufe kann dafür z.B. verwendet werden. Der Lehrer hat dann im projektorientierten Unterricht auch ganz andere Möglichkeiten, Paradoxien zu verwenden. Im Rahmen eines Projekts kann, wie das im Gliederungspunkt sechs vorgestellt wurde, das Thema eine viel größere Rolle und auch Breite einnehmen, als im sonstigen Unterricht. Die Behandlung der Thematik über eine gewisse Zeitdauer lässt dem Lehrer mehr Möglichkeiten, nicht nur ausgewählte Beispiele zu erarbeiten, sondern auf verschiedene Wege Paradoxien zu erklären, Exkursionen zu unternehmen und damit auch die Frage zu betrachten, wie Paradoxien entstehen bzw. wo man sie finden kann.

Auch eine mathematische AG mit dem Titel „Faszinierende mathematische Welt" anzubieten, wäre möglich. Der Lehrer kann darin Woche für Woche für mathematisch interessierte Schüler Paradoxa aus allen Bereichen der Mathematik vorstellen, um diese in lockerer Atmosphäre zu problematisieren, zu diskutieren und vielleicht auch selbst zu simulieren. Durch das dort vorhandene größere Zeitvolumen könnten dann auch einzelne Paradoxa anschaulich nachgebaut und so zur Verwendung im Unterricht vorbereitet werden.

Sich mit paradoxen Sachverhalten im Mathematikunterricht zu beschäftigen, muss nicht immer damit einhergehen, dass man sich ausgewählte Paradoxa herausgreift und diese im Unterricht behandelt. Wie bereits vorhin am Beispiel des Begriffs Tangente anschaulich erläutert, treten in der Lernwelt der Schüler in allen Sparten des Unterrichts Widersprüche, Zweifel und Verwirrung und damit Paradoxa auf. Das ist gut so, denn nur wenn diese vermeintlichen Lernschwellen überwunden werden, kann der Schüler seine kognitiven Fähigkeiten weiterentwickeln und ganz nebenbei ein Erfolgserlebnis verbuchen. Im Idealfall überwindet der Schüler die Lernschwelle ganz allein oder durch gezielte Hilfe des Lehrers. Gelingt das fortwährend, macht der Lehrer gute Arbeit und der Schüler hat viel Spaß beim Lernen. Nur eines darf der Lehrer nicht tun: Fragen und zweifelnde Blicke der Schüler ignorieren, weil mitunter gerade er dafür verantwortlich ist, dass die Schüler vor einer Lernschwelle, einem Paradoxon, stehen. Das kann passieren und muss es manchmal auch, schließlich ist ein Lernprozess dann besonders wertvoll, wenn er Hindernisse überwunden und Grenzen aufgezeigt hat. Paradoxien gehören also zum täglichen Brot eines Lehrers, er muss nur damit umzugehen wissen. Dann haben die Schüler einen didaktisch hochwertigen Unterricht und der Lehrer viel geleistet. Denn ein Mathematikunterricht darf nicht nur trocken und lernzielorientiert sein, sondern muss auch das gewisse Etwas haben. Paradoxien können dabei das gewisse Etwas, die entscheidende Zutat zu einem interessanten und abwechslungsreichen Mathematikunterricht sein. Deswegen bleibt nur zu hoffen, dass zunehmend mehr Lehrer sich dieser Thematik annehmen und ihren Teil dazu beitragen, dass Mathematik den Schülern Freude bereitet.

Denn schließlich gilt nichts mehr, als das was Helmut Neunzert im Vorwort seines Buches „Oh Gott Mathematik" so schön darlegt: „Mathematik ist nicht trocken, sondern voller Phantasie, nicht langweilig, sondern voller Schönheit, logisch, aber dennoch von ungeheurer Kreativität, uralt, aber voller neuer Ideen. Mathematik ist wie das Spiel, wie die Kunst ein Bestandteil, ja vielleicht sogar ein besonders sensibler Repräsentant der Kultur und nicht zuletzt ein unersetzliches Hilfsmittel der Naturwissenschaften, der Technik, der Wirtschaft. Mathematik ist Werkzeug und Spiel und notwendigerweise beides. Mathematik liefert auch oft genug einen Anreiz, zu philosophieren, zur rationalen Reflexion in einem irrationalen Hin und Her zwischen Fortschrittsgläubigkeit und Fortschrittsfeindlichkeit." (Helmut Neunzert, 1987, siehe Seite 3: 27)

8. Ausführliches Literaturverzeichnis und Anlagen

8.1 Primärliteratur

1. Kranzer, Walter: So interessant ist Mathematik. Aulis-Verlag, Köln 1989.
2. Konforowitsch, A.G.: Logischen Katastrophen auf der Spur. VEB Fachbuchverlag, 1.Auflage, Leipzig 1990.
3. von Randow, Gero: Das Ziegenproblem. Denken in Wahrscheinlichkeiten. Rohwolt Taschenbuchverlag GmbH, Reinbek bei Hamburg 1999.
4. Székely, Gabor J.: Paradoxa. Klassische und neue Überraschungen aus Wahrscheinlichkeitsrechnung und mathematischer Statistik. Harri Deutsch Verlag, Thun und Frankfurt am Main 1990.
5. Vollmer, G.: Paradoxien und Antinomien. Stolpersteine auf dem Weg zur Wahrheit. Aus: Naturwissenschaften 77, S. 49 – 66, Springer-Verlag 1990.
6. Agostini, Franco: Weltbild´s Mathematische Denkspiele. Weltbild-Verlag, Augsburg 2001.
7. Sächsisches Staatsministerium für Kultus: Gymnasialer Lehrplan für das Fach Mathematik. Fassung vom 1.August 1992. Sächsisches Drucks- und Verlagshaus, Dresden 1992.
8. Sächsisches Staatsministerium für Kultus: Gymnasialer Lehrplan für das Fach Mathematik. Fassung von 2004. Online-Fassung von www.sachsen-macht-schule.de , März 2004.
9. Schwier, Manfred: Paradoxien im Mathematikunterricht. Vorlesungsaufzeichnungen im Sommersemester 2004, Technische Universität Dresden, Fakultät Mathematik und Naturwissenschaften 2004.
10. Schmid, August u. a.: Stochastik – Leistungskurs. Ernst Klett – Verlag, Stuttgart 1991.
11. Tietze, Uwe-Peter: Der Mathematiklehrer in der Sekundarstufe II. Bericht aus einem Forschungsprojekt. Verlag Barbara Franzbecker, Bad Salzdetfurth 1986.
12. Grabinger, Benno: Stochastik mit Derive. Ferdinand Dümmler Verlag, Bonn 1997.
13. Kitaigorodski, A.: Unwahrscheinliches – möglich oder unmöglich? Mir Verlag, Moskau 1972. Deutsche Fassung erschienen im VEB Fachbuchverlag, 1.Auflage, Leipzig 1975.
14. Gardner, Martin: Gotcha. Paradoxien für den Homo Ludens. Hugendubel Verlag, München 1985.
15. Gellert, W. u. a.: Kleine Enzyklopädie der Mathematik. VEB Fachbuchverlag, 2.Auflage, Leipzig 1967.
16. Althoff, Heinz: Wahrscheinlichkeitsrechnung und Statistik. Metzler Schulbuchverlag, Hannover 1992.
17. Frank, Brigitte u. a.: Wissensspeicher Mathematik. Volk und Wissen Verlag, Berlin 1998.
18. Schmid, August u. a.: Stochastik – Leistungskurs. Ernst Klett – Verlag, Stuttgart 1988.
19. Hußmann, Stephan: Mathematik entdecken und erforschen. Cornelsen Verlag, Berlin 2003.

20. Becker, Gerhard; Henning, Joachim u. a.: Anwendungsorientierter Mathematikunterricht in der Sekundarstufe I. Julius Klinkhardt – Verlag, Bad Heilbrunn 1979.

21. Altrichter, Siegfried und Gilde, Werner: Mehr Spaß mit dem Taschenrechner. VEB Fachbuchverlag, Leipzig 1978.

22. Polya, George: Schule des Denkens. Vom Lösen mathematischer Probleme. Francke Verlag, 4. Auflage, Tübingen und Basel 1995.

23. Röttel, Karl: Lehrbuch der Schulmathematik. Polygon Verlag, 3.Auflage, Buxheim 1996.

24. Frey, Karl: Die Projektmethode. Beltz – Verlag, 2. Auflage, Weinheim 1984.

25. Niethammer, Manuela: Projektlernen. Seminarmitschriften im Sommersemester 2004, Technische Universität Dresden, Fakultät Erziehungswissenschaften, Fachdidaktik Chemie, 2004.

26. www.wipaed.wiso.uni-goettingen.de/~ppreiss/didaktik/method96j.html

27. Neunzert, Helmut: Oh Gott Mathematik. Teubner Verlag, 2.Auflage, Stuttgart und Leipzig 1987.

8.2 Weiterführende Sekundärliteratur

28. Altrichter, Siegrid; Gilde, Werner: Mehr Spaß mit dem Taschenrechner. VEB Fachbuchverlag, Leipzig 1978.

29. Altrichter, Siegrid; Gilde, Werner: Schneller, leichter, genauer – Möglichkeiten des Taschenrechners. VEB Fachbuchverlag, Leipzig 1987.

30. Amann, Franz: Matherhorn – 111 Aufgaben zur Begabtenförderung. Klett Schulbuchverlag, Stuttgart 1991.

31. Beck, Uwe: Mathematikunterricht zwischen Anwendung und reiner Mathematik. Moritz Diesterweg Verlag, Frankfurt am Main 1982.

32. Berganini, David; UFE - Redaktion: Die Mathematik. Time – Life International, Amsterdam 1965.

33. Bergmann, Uwe: Vertretungsstunden Mathematik. Klett Verlag, Stuttgart 1989.

34. Beutelspacher, Albrecht: Minus mal Minus ergibt Plus. Augustus Verlag, Augsburg 1997.

35. Bizam, György u.a.: Logik macht Spaß. Akademiai Kiado – Verlag, Budapest 1976.

36. Bolchowitinow, W. N.; Koltowoi, B. I.; Iagowski, I. K.: Spaß für freie Stunden. Mir – Verlag, Moskau 1989.

37. Bolt, Brian: Die zweite mathematische Fundgrube. Klett Verlag, Stuttgart 1989.

38. Bosch, Karl: Lotto und andere Zufälle. Vieweg Verlag, Wiesbaden 1994.

39. Brecht, George; Hughes, Patrick: Die Scheinwelt des Paradoxons. Vieweg Verlag, Braunschweig, 1978.

40. Churgin, J.: Formeln und was dann?. VEB Verlag Technik, Berlin 1967.

41. Davis, Morton D.: Spieltheorie für Nichtmathematiker. Oldenbourg Verlag, München 1999

42. Deubler; Raoul: Kreuz und quer. VEB Fachbuchverlag, Leipzig 1987.

43. Dewdney, A. K.: 200 Prozent von nichts. Birkhäuser Verlag, Berlin 1994.

44. Dudeney, Henry E.: Amusements in mathematics. Dover Publications, New York 1970.

45. Dynkin, E. B.; Uspenski, W. A.: Mathematische Unterhaltungen III. Aufgaben aus der Wahrscheinlichkeitsrechnung. VEB Deutscher Verlag der Wissenschaften, Berlin 1956.

46. Engelmann, Lutz: Kleiner Leitfaden Mathematik. Paetec, Berlin 1996.

47. Fiedler, Roland: Streifzüge durch die Mathematik. Kinderbuchverlag, Berlin 1984.

48. Freyer, Klaus; Gaebler, Rainer; Möckel, Werner: Gut gedacht ist halb gelöst. Urania Verlag, Berlin 1972.

49. Gardner, Martin: Logik unterm Galgen. Vieweg Verlag, Braunschweig 1971.

50. Gardner, Martin: Mathematische Hexereien. Ullstein Verlag, Frankfurt am Main 1979.

51. Gardner, Martin: Mathematische Zaubereien. Du Mont Buchverlag, Neuausgabe, Köln 2004.

52. Görke, Lilly u.a.: Rund um die Mathematik. Kinderbuchverlag, 4.Auflage, Berlin 1976.

53. Graham, L. A.: Mathematik aus dem Hinterhalt. Vieweg Verlag, Braunschweig 1981.

54. Hemme, Heinrich: Heureka!. Vandenhoeck & Ruprecht, Göttingen 1988.

55. Hetzler, Isabelle: Mathematische Zaubertricks für die 5. bis 10. Klasse. Klett Verlag, Stuttgart 2002.

56. Hemme, Heinrich: Der Wettlauf mit der Schildkröte. Vandenhoeck & Ruprecht, Göttingen 2004.

57. http://user.cs.tu-berlin.de/~icoup/ archiv/1.ausgabe/artikel/paradoxien.html

58. Jacobs, P.; Meirovitz, M.: Spielschule des Denkens. Vieweg Verlag, Wiesbaden 1982.

59. Jeske, Roland: Spaß mit Statistik. Oldenbourg Verlag, München 1999.

60. Kennedy, Gavin: Einladung zur Statistik. Campus – Verlag, Frankfurt am Main 1993.

61. Konforowitsch, A. G.: Guten Tag, Herr Archimedes. Harri Deutsch Verlag, Frankfurt am Main 1996.

62. Kordemski, B. A.: Köpfchen Köpfchen!. Urania Verlag, Leipzig, Jena und Berlin 1959.

63. Körner, T. W.: Mathematisches Denken. Birkhäuser Verlag, Berlin 1998.

64. Lehmann, Johannes: Rechnen und Raten. Aulis Verlag Deubner & Co., Köln 1987.

65. Lichtenberger, Joachim: Spiele: mathematisch. Cornelsen Verlag, Düsseldorf 1989.

66. Lietzmann, W.: Lebendige Mathematik. Physika – Verlag, Würzburg 1955.

67. Lietzmann, W.: Trugschlüsse. Teubner Verlag, Leipzig und Berlin, 1923.

68. Marjoram, D. T. E.: Aufgaben zur modernen Mathematik. Vieweg Verlag, Braunschweig 1972.

69. Meyer, Karlhorst: Gymnasialer Mathematikunterricht im Wandel. Franzbecker Verlag, Bad Salzdetfurth, 1996.

70. Mott – Smith, G.: Mathematical puzzles for Beginners and Enthusiasts. Dover Publications, New York 1954.

71. Niese, Dr. G.: 100 Eier des Kolumbus. Kinderbuchverlag, Berlin 1964.

72. Ogilvy, C.: Mathematische Leckerbissen. Vieweg Verlag, 2.Auflage, Braunschweig 1980.

73. Perelmann, J.I.: Unterhaltsame Aufgaben und Versuche. Mir – Verlag, Moskau 1977.

74. Peterson, Ivars: Mathematische Expeditionen. Spektrum, Akademischer Verlag, Heidelberg 1998.

75. Petigk, Jürgen: Mathematik in der Freizeit. Tribüne Verlag, Berlin 1995.

76. Pieper, Herbert: Heureka – Ich habs gefunden. Harri Deutsch Verlag, Frankfurt am Main 1988.

77. Poundstone, William: Wenn Logik nicht weiterkommt: Paradoxien, Zwickmühlen und die Hinfälligkeit unseres Denkens. Rohwolt Taschenbuchverlag, 5.Auflage, Hamburg 1995.

78. Rauschenbach, Erich; Pousset, Raimund: Knallbonbons. Rohwolt Taschenbuchverlag, Hamburg, 1994.

79. Ruelle, David: Zufall und Chaos. Springer Verlag, 2. Auflage, Berlin 1982.

80. Ruprecht, Günter; Schwier, Manfred: Stochastik – Sekundarstufe I. Paetec, Berlin 1997.

81. Rüger, Bruno: Rätsel, Jux und Zauberei. VEB Friedrich Hofmeister, Leipzig 1959.

82. Schäfer, J. Chr.: Die Wunder der Rechenkunst. Volk und Wissen Verlag, Berlin 1983.

83. Scheel, Ulrich: Moderne Unterrichtsgestaltung. Fronhonius Verlag, Dornburg; Frickhofen 1972.

84. Scheid, Harald u.a.: Abiturwissen Stochastik. Klett Verlag, 3.Auflage, Stuttgart 1989.

85. Scheid, Harald: Analytische Geometrie, Lineare Algebra, Wahrscheinlichkeitsrechnung, Statistik. Klett Verlag, 3.Auflage, Stuttgart 1992.

86. Scheid, Harald: Zufall. BI Taschenbuchverlag, Mannheim 1996.

87. Schubert, H.: Mathematische Mußestunden. Walter de Gruyter Verlag, 12.Auflage, Berlin 1964.

88. Sedlacek, Jiri: Keine Angst vor Mathematik. VEB Fachbuchverlag, 3.Auflage, Leipzig, 1967.

89. Seeger, Hartmut: Fit fürs Abi in Mathe. Schroedel Schulbuchverlag, Hannover 1993.

90. Smullyan, R. M.: Buch ohne Titel. Eine Sammlung von Paradoxa und Lebensrätseln. Vieweg Verlag, Braunschweig 1983.

91. Smullyan, R. M.: Satan, Cantor und die Unendlichkeit sowie 200 weitere verblüffende Tüfteleien. Birkhäuser Verlag, Basel 1993.

92. Stamm, Reinhard: Meine täglichen Übungen in Mathematik (Klasse 8, Heft1). Paetec, Berlin 1994.

93. Stewart, Ian: Die gekämmte Kugel. Spektrum Verlag, Berlin 1997.

94. Stewart, Ian: Spiel, Satz und Sieg für die Mathematik. Birkhäuser Verlag, Berlin 1992.

95. Süßmuth, G.: Logische Knobeleien. Harri Deutsch Verlag, Frankfurt am Main 1993.

96. Triola, Mario F: Mathematics and the modern world. The Benjamin / Cummings Publishing Company, 2nd edition, California 1978.

97. Weber, Grit: Stochastik. Volk und Wissen Verlag, Berlin 1992.

98. Wille, Friedrich: Eine mathematische Reise. Vandenhoeck Verlag, Göttingen 1984.

8.3 Liste der für Abschnitt 2.3 analysierten Schullehrbücher:

99. Althoff, Heinz: Wahrscheinlichkeitsrechnung und Statistik. Metzler Schulbuchverlag, Hannover 1992.

100. Baum, Manfred u.a.: LS 11. Ernst Klett Verlag, Stuttgart 2000.

101. Bock, Hans: u.a.: Mathematik 9. Oldenbourg Verlag, München 1995.

102. Bock, Hans: u.a.: Stochastik. Oldenbourg Verlag, München 1993.

103. Bock, Hans: u.a.: Lehrerhandbuch Stochastik. Oldenbourg Verlag, München 1993.

104. Bosch, Karl: Training Wahrscheinlichkeitsrechnung und Statistik. Klett Verlag, Stuttgart 1986.

105. Dzewas, Jürgen; Hahn, Otto: Leistungskurs Wahrscheinlichkeitsrechnung und Statistik. Westermann Verlag, Braunschweig 1980.

106. Eggs, Herbert: Stochastik. Diesterweg Verlag, Frankfurt am Main, 1998.

107. Feuerpfeil, Jürgen u.a.: Wahrscheinlichkeitsrechnung und Statistik. Bayerischer Schulbuchverlag, 2.Auflage, München 1987.

108. Feuerpfeil, Jürgen u.a.: Wahrscheinlichkeitsrechnung und Statistik. Bayerischer Schulbuchverlag, 3.Auflage, München 1994.

109. Feuerpfeil, Jürgen u.a.: Wahrscheinlichkeitsrechnung und Statistik N. Bayerischer Schulbuchverlag, München 1999.

110. Glaser H.: Sigma – Grundkurs Stochastik. Klett Verlag, 1.Auflage, Stuttgart 1990.

111. Grabinger, Benno: Stochastik mit Derive. Ferdinand Dümmler Verlag, Bonn 1997.

112. Griesel, Heinz: u.a. Mathematik heute – 10.Schuljahr. Schroedel Schulbuchverlag, Hannover 1989.

113. Griesel, Heinz: u.a. Mathematik heute – Grundkurs Stochastik. Schroedel Schulbuchverlag, Hannover 1990.

114. Griesel, Heinz: u.a. Mathematik heute – Leistungskurs Stochastik. Schroedel Schulbuchverlag, Hannover 1984.

115. Griesel, Heinz: u.a. Mathematik heute – Leistungskurs Stochastik. Schroedel Schulbuchverlag, 2.Auflage, Hannover 1986.

116. Peußel, Christine u.a.: Basismathematikkurs 10. Bayerischer Schulbuchverlag, München 1992.

117. Reichel, Müller, Hanisch u.a.: Lehrbuch der Mathematik 7. Hölder – Pichler – Tempsky – Verlag, 2.Auflage, Wien 1992.

118. Reichel, Müller, Hanisch u.a.: Lehrbuch der Mathematik 8. Hölder – Pichler – Tempsky – Verlag, 2.Auflage, Wien 1993.

119. Röttel, Karl: Lehrbuch der Schulmathematik. Polygon Verlag, 3.Auflage, Buxheim 1996.

120. Schmid, August u.a.: Stochastik – Leistungskurs. Ernst Klett Verlag, Stuttgart 1988.

121. Schmid, August u.a.: Stochastik – Grundkurs. Ernst Klett Verlag, Stuttgart 1991.

122. Schönbeck, Jürgen u.a.: Plus – 8. Schuljahr. Schöningh Verlag, Paderborn 1977.

123. Schönbeck, Jürgen u.a.: Plus – 9. Schuljahr. Schöningh Verlag, Paderborn 1978.

124. Schönbeck, Jürgen u.a.: Plus – 10. Schuljahr. Schöningh Verlag, Paderborn 1980.

125. Schutz, Wolfgang u.a.: Mathematik 9. Volk und Wissen Verlag, Berlin 1995.

126. Strick, Heinz Klaus: Einführung in die beurteilende Statistik. Schroedel Verlag, Hannover 1986.

127. Weber, Karl Heinz u.a.: Mathematik. Paetec Verlag, Berlin 1995.

128. Weber, Karl Heinz; Zillmer, Wolfgang: Arbeitsheft Stochastik – Leistungskurs. Paetec Verlag, Berlin 1996.

129. Weber, Karl Heinz; Zillmer, Wolfgang: Stochastik – Aufgabenbuch Leistungskurs. Paetec Verlag, Berlin 1996.

130. Weber, Karl Heinz; Zillmer, Wolfgang: Stochastik – Lehrerhandbuch Leistungskurs. Paetec Verlag, Berlin 1996.

131. Weber, Karl Heinz; Zillmer, Wolfgang: Arbeitsheft Stochastik – Grundkurs. Paetec Verlag, Berlin 1995.

132. Weber, Karl Heinz; Zillmer, Wolfgang: Stochastik – Aufgabenbuch Grundkurs. Paetec Verlag, Berlin 1995.

133. Weber, Karl Heinz; Zillmer, Wolfgang: Stochastik – Lehrerhandbuch Grundkurs. Paetec Verlag, Berlin 1995.

134. Wendt, Peter: Stochastik. Ferdinand Dümmler Verlag, Bonn 1991.

Erklärung des Verfassers

Hiermit versichere ich, Matthias Dietz, die vorliegende Arbeit selbständig und nur mit den angegebenen Hilfsmitteln angefertigt zu haben sowie alle Stellen, die dem Wortlaut nach oder dem Sinne nach anderen Werken entnommen sind, durch die Angabe der Quellen als Entlehnung kenntlich gemacht zu haben.

Dresden, 22.Mai, 2005

Matthias Dietz

<u>FRAGEBOGEN: Empirische Analyse zur „Bedeutung von Paradoxien im Mathematikunterricht"</u>

Paradoxien, d.h. Sachverhalte, die der Erwartung zuwiderlaufen, üben seit Jahrhunderten große Reize auf die Wissenschaft aus. Ausgewählte Paradoxien wie „Achilles und sein Wettlauf mit der Schildkröte", das Paradoxon von dé Méré, das Geburtstagsproblem oder das Ziegenproblem in der Stochastik halten immer mehr im Unterrichtsgeschehen Einzug.

Ziel dieses Fragebogens soll es daher sein, zu untersuchen, ob und inwiefern Paradoxien im Mathematikunterricht eine Rolle spielen. Dabei sollen insbesondere didaktischer Wertgehalt und etwaige Probleme im Umgang mit Paradoxien untersucht werden. Für ihre wahrheitsgemäßen Angaben im Voraus schon ein großes Dankeschön!

1. Greifen Sie auf den Einsatz von Paradoxien im Rahmen ihres Mathematikunterrichts zurück?

☐ ja, selten   ☐ ja, häufig   ☐ nein   ☐ nur bei Vertretungsstunden

[Falls Sie Frage 1 mit nein beantwortet haben, weiter zu Frage 4!]

2a. Welche Paradoxien verwenden Sie im Unterricht? In welchen Klassenstufen werden sie behandelt?

	Klassenstufen			
	5-6	7-8	9-10	11/12
-	☐	☐	☐	☐
-	☐	☐	☐	☐
-	☐	☐	☐	☐

2b. Wie genau werden die Paradoxien behandelt, d.h. wie genau ordnen sie sich in den Erkenntnisgang ein?

3. Weshalb setzen Sie Paradoxien ein, worin steckt für Sie der didaktische Reiz?

4. Welche Probleme sehen Sie beim Einbringen eines Paradoxons in den Unterricht? Was hält ihrer Meinung nach andere Mathelehrer davon ab, Paradoxien in deren Unterricht einzusetzen?

5. Denken Sie, dass Schullehrbücher der Mathematik paradoxen Phänomenen genügend Rechnung tragen?

☐ nein   ☐ habe ich noch nicht drauf geachtet   ☐ ja

6. Welches Lehrbuch/welche Lehrbücher verwenden sie in ihrer Schule?

....

7. Nehmen Sie zu folgenden Behauptungen auf einer Skala von 1 (=vollkommen) über 3 (=teils - teils) bis 5 (=ganz und gar nicht) Stellung!

	1	2	3	4	5
Paradoxien sind unverzichtbar für den Mathematikunterricht.	☐	☐	☐	☐	☐
Ich habe selbst Verständnisprobleme bei paradoxen Phänomenen.	☐	☐	☐	☐	☐
In den letzten Jahren ist die Bedeutung von Paradoxien im Mathematikunterricht gewachsen.	☐	☐	☐	☐	☐
In der heutigen Zeit ist es wichtig, Schüler durch Paradoxien für mathematische Phänomene zu begeistern.	☐	☐	☐	☐	☐
Paradoxien haben zu wenig Bedeutung im Mathematikunterricht.	☐	☐	☐	☐	☐
Durch Paradoxien werden vor allem leistungsschwächere Schüler besonders motiviert.	☐	☐	☐	☐	☐

8. Zu guter letzt bitte noch ein paar statistische Angaben:

☐ männlich   oder ☐ weiblich

☐ Lehrer   oder ☐ Lehramtsanwärter

Schulanstalt: ....

Ort der Schule: ....

Berufserfahrung: ☐ 0-4 Jahre   ☐ 5-10Jahre   ☐ 11-20Jahre   ☐ >20Jahre

DANKE!